陆地生态系统碳源汇监测方法与技术丛书

丛书主编 方精云

全球变化野外控制实验
方法与技术

朱 彪 主编

科学出版社

北 京

内 容 简 介

本书由从事陆地生态系统响应全球变化野外控制实验研究的多个国内团队合作完成，比较全面地梳理了全球变化野外控制实验的技术细节和相关进展，并结合典型案例介绍了碳循环关键过程对全球变化的响应。全书共 6 章，涵盖了主要的全球变化要素，如大气 CO_2 和 O_3 浓度升高、气候变暖、极端气候事件、氮磷沉降、自然干扰和生物入侵。

本书总结了过去近 30 年国内外在全球变化野外控制实验领域的研究成果，是生态学、土壤学、地理学、林学、草学等专业学生的重要参考资料，并可供高等学校和科研院所的教师及科研人员参考。

图书在版编目（CIP）数据

全球变化野外控制实验方法与技术 / 朱彪主编. -- 北京 : 科学出版社，2025. 3. --（陆地生态系统碳源汇监测方法与技术丛书 / 方精云主编）.
ISBN 978-7-03-081059-5

Ⅰ. X511

中国国家版本馆 CIP 数据核字第 20254ZT928 号

责任编辑：李　迪　高璐佳　郝晨扬 / 责任校对：郑金红
责任印制：赵　博 / 封面设计：无极书装

科 学 出 版 社 出版

北京东黄城根北街 16 号
邮政编码：100717
http://www.sciencep.com

北京市金木堂数码科技有限公司印刷
科学出版社发行　　各地新华书店经销

*

2025 年 3 月第 一 版　　开本：787×1092　1/16
2025 年 6 月第二次印刷　　印张：8 3/4
字数：210 000

定价：128.00 元
（如有印装质量问题，我社负责调换）

"陆地生态系统碳源汇监测方法与技术丛书"
编委会

主　编

方精云

编　委

王襄平　胡水金　朱　彪　温学发

黄　玫　刘玲莉　赵　霞

《全球变化野外控制实验方法与技术》

作 者 名 单

（按姓氏拼音排序）

陈蕾伊　　陈鹏东　　陈　迎　　程慧源

樊雨薇　　方精云　　冯继广　　冯雪徽

冯兆忠　　郭　辉　　吉成均　　马素辉

潘首因　　裴　鑫　　秦文宽　　尚　博

吴闻澳　　徐彦森　　张秋芳　　张子凡

朱　彪　　朱江玲

资 助 项 目

国家自然科学基金基础科学中心项目：生态系统对全球变化的响应（31988102）

国家重点研发计划重点专项"典型脆弱生态修复与保护研究"课题：全球变化野外控制实验的技术和方法（2017YFC0503903）

丛 书 序

实现碳中和的两个核心也是决定因素，即碳减排和碳增汇。也就是说，增加生态系统对 CO_2 的吸收（称为碳汇，carbon sink），是减缓大气 CO_2 浓度和全球温度上升、应对全球变暖、实现碳中和不可或缺的途径。因此，陆地生态系统碳汇及其分布是全球变化研究的核心议题，也是世界各国极为重视的科技领域。

最近的研究显示，全球陆地生态系统自 20 世纪 60 年代的弱碳源（−0.2 Pg C/a；$1 Pg=10^{15} g=10$ 亿 t），变化到 21 世纪第一个 10 年的显著碳汇（1.9 Pg C/a），说明陆地生态系统在减缓大气 CO_2 浓度升高中的显著作用。然而，受生态系统碳源汇监测手段和模型模拟精度等方面的限制，人们对碳源汇大小及其空间分布的估算尚存在较大的不确定性。特别是以往的研究基于不同方法和技术手段，缺乏统一规范和标准，使得不同研究之间缺乏可比性，从而影响了陆地碳源汇的准确评估和预测，进而影响气候变化政策的制定。因此，构建陆地生态系统碳源汇监测的方法、标准和规范体系，提高碳循环监测数据质量以及数据间的可比性，就显得十分重要和迫切。

鉴于此，我们于 2017 年申报了国家重点研发计划项目"陆地生态系统碳源汇监测技术及指标体系"（2017YFC0503900），并于当年启动实施。该项目的总体目标包括两方面。一是明确现有陆地生态系统碳源汇监测方法和技术规范存在的问题及缺陷，提出并校验碳循环室内模拟和野外控制实验方法，改进碳通量连续观测技术，研编陆地生态系统碳汇监测的方法标准和技术规范。二是通过整合历史数据和本项目的研究结果，构建不同尺度、全组分碳循环参数体系，研发我国陆地生态系统碳源汇模拟系统，阐明碳源汇大小及时空格局。作为实现这个总体目标的表现形式，项目的主要考核指标是出版一套关于陆地生态系统碳源汇监测技术和方法的丛书，其中包括《中国陆地生态系统碳源汇手册》。

经过项目组全体成员 5 年多的共同努力，项目取得了显著进展，达到了预期目标，丛书各册也研编完成。我们把丛书名定为"陆地生态系统碳源汇监测方法与技术丛书"，现由 4 分册组成。本丛书通过对以往各类研究方法进行梳理、评价和校验，以及对部分方法的改善、新方法的开发，对陆地生态系统碳源汇的研究方法和技术体系进行了系统总结。需要说明的是，原计划列入丛书的《中国陆地生态系统碳源汇手册》一书，由于其体裁和内容以数据及图表为主，与目前丛书的各册差异较大，用途也有所不同，故没有纳入此丛书中。现将丛书的 4 分册简要介绍如下。

《陆地生态系统碳储量调查和碳源汇数据收集规范》。该分册由王襄平教授和赵霞博士主编，主要介绍样地尺度植被和土壤碳库调查两套技术规范，包括野外样地设置、调查方法、样品分析、碳库估算等各环节的方法和操作规范，以及用于陆地生态系统碳收支研究的文献数据收集规范。

《陆地生态系统碳过程室内研究方法与技术》。该分册由胡水金教授和刘玲莉研究员主编，主要介绍植物碳输入过程研究系统及分析方法；有机碳组分及分解过程研究方法；微生物固持与转化研究系统及技术；土壤微生物群落分析方法；土壤碳的淋溶迁移研究系统；利用光谱研究碳循环的新方法；植物根系在碳循环过程中相关指标的研究方法。

《全球变化野外控制实验方法与技术》。该分册由朱彪教授主编，主要总结近 30 年国内外在全球变化野外控制实验领域的研究成果，比较全面地梳理了全球变化野外控制实验的各项技术和相关进展，并结合典型案例介绍了碳循环关键过程对全球变化要素的响应，具体内容涉及大气二氧化碳和臭氧浓度升高、气候变暖、极端气候事件、氮磷沉降、自然干扰和生物入侵等主要的全球变化要素。

《碳通量及碳同位素通量连续观测方法与技术》。该分册由温学发研究员等主编，系统介绍并评述生态系统 CO_2 通量及其碳同位素通量连续观测方法和技术的研究进展与展望。主要内容包括：生态系统 CO_2 及其碳同位素的浓度和通量特征及其影响机制，CO_2 及其碳同位素的浓度与三维风速的测量技术和方法，涡度协方差通量、箱式通量和通量梯度连续观测方法与技术的理论与实践，通量方法与技术在生态系统和土壤碳通量组分拆分中的应用等。

在项目实施和本丛书编写过程中，项目组成员和众多研究生做了大量工作。项目专家组成员和一些国内外同行对项目的推进和书稿的撰写提出了宝贵建议和意见。特别是，在项目立项和实施过程中，得到傅伯杰院士、于贵瑞院士、孟平研究员、刘国华研究员、中国 21 世纪议程管理中心何霄嘉博士的悉心指导和帮助；项目办公室朱江玲、吉成均和赵燕等做了大量管理、协调和保障工作；科学出版社的编辑们在出版过程中进行了认真的审读和编辑。在此一并致谢。

最后，希望本丛书能为推动我国陆地生态系统碳源汇研究发挥积极作用。丛书中如有遗漏和不足之处，恳请同行专家与广大读者批评指正。

2022 年 6 月 16 日

于昆明呈贡

前　言

地球正经历以气候变化、大气 CO_2 和 O_3 浓度升高、养分沉降、生物入侵等因素为代表的全球变化，这些变化因素改变了生态系统的结构和功能，以及元素的生物地球化学循环，并对生态系统服务产生了深远的影响。应对和缓解全球变化带来的生态挑战，理解和预测生态系统在全球变化背景下的响应，成为当前生态学研究的核心议题之一。作为一项重要的科学工具，野外控制实验在生态学研究中得到了越来越广泛的应用。与室内实验相比，野外控制实验能够在更接近自然的条件下开展，从而更加真实地模拟生态系统对全球变化的响应，帮助我们探究全球变化对生态过程的复杂影响及其潜在机制，提高地球系统模型的预测精度并校验关键参数。当前，人们开展了大量全球变化野外控制实验，相关方法与技术得到了长足的发展。然而，不同野外控制实验的实验原理、技术细节和适用范围有所差异，选择适合的野外控制实验方法是探究全球变化对生态系统影响的重要前提。因此，本书尝试全面、系统地梳理野外控制实验的发展历程、方法原理、技术细节以及研究现状，希望能为全球变化生态学领域的研究和应用提供科学参考及技术支持。

全书共分为 6 章，内容涵盖了全球变化生态学研究领域中的主要实验方法。第 1 章介绍了模拟大气 CO_2 和 O_3 浓度升高的控制实验方法与技术；第 2 章介绍了主要的陆地生态系统野外增温控制实验的技术与方法；第 3 章介绍了适用于极端高温/热浪、极端干旱的野外控制实验的技术细节；第 4 章介绍了养分添加的野外控制实验技术及规范；第 5 章介绍了火干扰、病虫害干扰两种重要自然干扰因素的野外实验方法；第 6 章介绍了生物入侵研究中常用的野外实验技术与方法。文后附录列举了相关研究文献。

本书的编写由众多科研人员共同参与完成。第 1 章由尚博、徐彦森和冯兆忠编写；第 2 章由朱彪、吴闻澳、秦文宽、陈迎、冯继广和张秋芳编写；第 3 章由陈蕾伊、陈鹏东和冯雪徽编写；第 4 章由马素辉、朱江玲、吉成均、朱彪和方精云编写；第 5 章由陈蕾伊和冯雪徽编写；第 6 章由裴鑫、潘首因、张子凡、樊雨薇、程慧源和郭辉编写。全书由朱彪统一审稿和校订。在本书编写过程中，方精云院士为本书的框架和内容提供了重要指导，科学出版社的编辑们对本书的文字和细节提出了宝贵建议。谨在本书出版之际，向所有为本书的完成和出版做出贡献的人员表示衷心的感谢。

本书的编写得到了国家自然科学基金基础科学中心项目"生态系统对全球变化的响应"（31988102）以及国家重点研发计划重点专项"典型脆弱生态修复与保护研究"课题"全球变化野外控制实验的技术和方法"（2017YFC0503903）的资助。我们衷心感谢国家自然科学基金委员会和科技部的资助与支持。

由于作者水平有限，本书难免存在一些不足之处，敬请各位读者批评指正。

朱　彪

2025 年 1 月

目　　录

第1章 模拟大气 CO_2 和 O_3 浓度升高的控制实验方法与技术[①]

1.1 背 景

工业革命以来，由于人类活动对化石燃料的过量使用和土地利用方式的改变等，引发了大气中二氧化碳（CO_2）等温室气体浓度的急剧上升。大气中的 CO_2 浓度已由 1860 年的 280 ppm（1 ppm=10^{-6}）升高至目前的 410 ppm 左右，以每年 0.45% 的速率升高。CO_2 浓度的升高加剧了全球变暖，并引发了冰川融化、海平面上升、洪水、台风、热浪等一系列极端事件的频发，严重影响生态系统结构和功能的可持续性。目前人们已认识到大气 CO_2 浓度升高对植物光合作用、产量及生产力具有积极的促进作用，这种现象被称为 CO_2 "施肥效应"。由于在最近几十年内 CO_2 浓度升高的趋势很难改变，因此，CO_2 "施肥效应"增加生态系统的"碳汇"功能不失为一种积极应对气候变化的策略。许多陆地生态系统生理生态过程会响应大气 CO_2 浓度的升高，其中以植物光合固碳、植物蒸腾作用、土壤微生物活动和有机质分解等过程受到的关注最多。这些生理生态过程的变化将进一步改变陆地生态系统的物质循环和生物群落组成，对陆地生态系统服务功能造成影响。了解大气 CO_2 浓度升高对主要陆地生态系统生理生态过程、物质循环的影响，有助于准确预测陆地生态系统对大气 CO_2 浓度升高及其带来的全球变化的响应、适应与反馈的方式和程度，对人类应对和减缓大气 CO_2 浓度升高带来的负面影响具有深远意义。

地表臭氧（O_3）特指距离地球表面 15 km 范围内的近地层 O_3，除少量来自平流层大气传输外，其余大部分是由氮氧化物（NO_x）、挥发性有机化合物（VOC）、一氧化碳（CO）等前体物在强烈光照下发生光化学反应而产生的（冯兆忠等，2018）。自工业革命以来，伴随城市化进程加快和化石燃料的过度燃烧，地表 O_3 浓度在世界范围内普遍升高。地表 O_3 具有强氧化性，可以对地球上的生命包括人类及其他动物、植物和微生物等产生严重危害。O_3 污染在世界各地均不同程度地出现，已成为全球性的环境问题。地表 O_3 不仅是空气污染物，也是一种重要的温室气体，对地球辐射效应（气候系统辐射的收支变化）的贡献仅次于 CO_2 和 CH_4。除了作为温室气体的直接增温效应，O_3 还能够通过降低生态系统 CO_2 吸收能力间接影响全球变化。随着地表 O_3 浓度升高，其对未来全球变暖的间接贡献大于直接影响。地表 O_3 浓度升高不仅会导致植物生理生态过程发生变化，也对生态系统物质循环过程与服务功能具有重要影响。

大气气体浓度的变化会对植物个体及生态系统结构与功能产生影响。为理解陆地生

---

① 作者：尚博，徐彦森，冯兆忠；单位：南京信息工程大学

态系统生态过程对 CO_2 和 O_3 浓度升高的响应及模拟评估未来情景的风险，需要依托野外控制实验模拟大气气体浓度升高对生态系统的影响。随着对大气气体浓度升高的生态效应认识的逐渐加深，相应的研究手段和方法也得到同步发展并被不断改进与优化。综观大气气体浓度升高对植物影响的研究历程，以实验设备与手段的改进和更新为标志，控制实验大致可分为三个发展阶段（王春乙，1995）：第一阶段，1973 年之前，研究者主要利用封闭式静态或动态气室以及室内生长箱；第二阶段，从 1973 年开始，美国学者利用开顶式气室（又称开顶箱）（open-top chamber，OTC）研究大气气体浓度升高对植物的影响；第三阶段，20 世纪 90 年代，Hendrey 和 Kimball（1994）设计了开放式气体浓度增加系统（free-air concentration enrichment system，FACE）研究方法。这些方法各有利弊（表 1-1）。

表 1-1 不同研究方法的优缺点

研究方法	优点	缺点
室内生长箱	技术简单，操作容易，费用低，可控温湿度、光照	空间小，以短期实验为主，与真实环境不符
开顶式气室（OTC）	技术简单，操作容易，费用低，精度高，多因子，可过滤 O_3 并进行田间试验	空间小，短期幼苗实验，以盆栽为主，微气候效应
开放式气体浓度增加系统（FACE）	自然环境，多因子，长期实验，大田研究，研究尺度囊括叶片、个体、群落或生态系统水平	技术要求高，费用昂贵，普适性差

1.2　室内生长箱

室内生长箱是最早被用于研究大气气体浓度增加对植物影响的方法，其原理是将密闭气箱布置于内部环境相对均一的生长室、实验室或者温室内，人为控制生长箱内部大气气体组分浓度，研究生长箱内植物的生长状况，技术相对简单。根据生长箱的特点可将其分为 4 类：可调节温室（Menser，1966）、可调节生长室（Wood et al.，1973）、矩形实验气室（Heagle et al.，1979）和圆柱形气室（Heck et al.，1978）。生长箱的特点是实验设备小、操作方便、控制精度高、重复性好和成本较低。由于生长箱内部气体浓度可控性高，室内生长箱在研究低浓度气体对植物影响方面具有重要的意义（Dochinger et al.，1970）。Heck 等（1978）对早期的室内生长箱进行了改进，设计了连续搅拌箱式反应器，解决了生长箱内布气不均匀的问题，随后该类生长箱在 O_3 对植物叶片伤害评价及生理生化响应机制等研究中被广泛采用，其设计理念为后来 OTC 的发明提供了重要基础。但由于生长箱内的小环境与自然环境差别较大，不能客观反映植物生长对大气气体浓度升高的真实响应，应用范围受到限制，并且设备通常较小，仅适合于少数植物的短期实验，因此目前此类方法已基本被淘汰。

1.3　开顶式气室及典型案例

1.3.1　开顶式气室的发展历程

OTC 技术自从 1973 年推出以来（Heagle et al.，1973；Mandle，1973），就在世界

各地广泛用于大气气体浓度升高对农作物的影响研究中。20 世纪 80 年代，因修订大气 O_3 污染控制指标所需，美国农业部和国家环境保护局创建了全美农作物损失评价网（NCLAN），率先在全美范围内利用 OTC 研究 O_3 对农作物生长和产量的影响，供试作物主要包括小麦（*Triticum aestivum*）、玉米（*Zea mays*）、大豆（*Glycine max*）和马铃薯（*Solanum tuberosum*）等（Heck et al.，1983）。随后，1986～1991 年，欧洲 OTC 研究项目（EOTC）针对扁豆（*Lablab purpureus*）、高山梯牧草（*Phleum alpinum*）、小麦（*Triticum aestivum*）、大麦（*Hordeum vulgare*）等主要作物也迅速开展研究。自 90 年代起，日本、印度、中国、巴基斯坦等亚洲国家也先后开展了利用 OTC 模拟 O_3 浓度升高对作物影响的研究（Kobayashi et al.，1995；Feng et al.，2003）。同一时期，在全球范围内大规模利用 OTC 研究了 O_3 对树木的影响，研究树种包括黑樱桃（*Prunus serotina*）、北美鹅掌楸（*Liriodendron tulipifera*）、红槲栎（*Quercus rubra*）、灰毛槭（*Acer rubrum*）、黑杨（*Populus nigra*）、欧洲山毛榉（*Fagus sylvatica*）、欧洲赤松（*Pinus sylvestris*）、欧洲云杉（*Picea abies*）、银杏（*Ginkgo biloba*）和蒙古栎（*Quercus mongolica*）等。

随着 OTC 实验的开展，OTC 气室结构也在不断改进和优化，如气室壁外形从开始的直筒圆柱形改为正八面的柱体结构；由于外界空气很容易从柱体结构的气室顶部侵入，研究人员在顶部增加了收缩口，以减少外界空气从顶部侵入对气室内部气体的影响；气室框架采用更为轻便、耐用的合金和塑钢等材料；气室壁膜的光照透性不断优化，气室壁主要采用聚氯乙烯、聚乙烯、聚四氟乙烯和透明玻璃等材质。OTC 技术革新的关键是保证目标气体能在 OTC 内均匀分布，因此通气方式不断地被优化。按照通气方式优化的时间顺序将不同通气方式的优化特点、优点以及缺点进行总结，如表 1-2 所示。

表 1-2　开顶式气室通气方式优化历程

参考文献	优化特点	优点	缺点
Heagle et al.，1973	气室的壁分为上下两层，下层的壁为内外双层膜，内膜上均匀分布通气小孔，气流沿气室四周的小孔进入气室	通气的装置固定，操作相对方便	气室壁的结构相对复杂，靠近气室壁的植物先接触到目标气体，导致气室内气体分布不均匀
Mandle，1973	气室底部布设了通风的塑料管道，管道内侧有均匀分布的通气孔	通气方式较灵活，可以根据实验植物的生长状况来调整通气管的位置	靠近气室中心区域的目标气体浓度低于其他区域，气室内气体分布不均匀
王春乙，1996	设置上下两个气室，上面是暴露室，下面是混合气室，中间用均匀布满小孔的栅板隔开，气体在混合气室内充分混合后经栅板小孔进入暴露室	能够使气室内目标气体浓度均匀	只适合进行盆栽作物的实验，对植物生长（尤其是根部）有很强的限制
陈法军等，2005	基于王春乙的方法，在混合气室安装换气扇进行通气	使气室内目标气体浓度较均匀稳定	只适合进行盆栽实验
郑启伟等，2007	运用喷气的作用力与反作用力原理，设计了一套旋转布气装置，布气系统由两段等长且一端密封的有机玻璃管、一根垂直气管以及一个连接有机玻璃管和垂直气管的轴承组成	气体浓度在气室内无论水平还是垂直分布都比较均匀；气室内外温差小，无明显的温室效应，能够满足气室内换气的需要；垂直气管高度可随作物株高调整；是目前较理想的通气方式	

1.3.2 开顶式气室的经典案例

经过不断优化，目前 OTC 技术已经相当成熟，下面以南京信息工程大学扬州绿色农业研究与示范基地的大型 O_3-CO_2-OTC 为例（图 1-1），详细介绍 OTC 的结构和运行原理。该 OTC 搭建于 2020 年，主要由过滤系统、鼓气系统、O_3/CO_2 发生和投加系统、布气系统、暴露室、气体浓度控制系统和自动采集测量系统组成。暴露室主体高为 2.3 m，横截面为正八边形（直径为 4.8 m）。为减少外部气体对室内气体的影响，正八面柱体顶端增加 45° 收缩口，收缩口高为 1.3 m，整个气室的体积约为 40 m³。气室框架由塑钢构成，室壁材质为透明钢化玻璃，如图 1-1 所示。过滤系统被用于对照实验处理，加活性炭过滤自然大气中的 O_3；鼓气系统采用 2000 W 风机以保证气室内气体每分钟交换 1 次以上，使得气室内温度和湿度等环境因素与外界基本保持一致；O_3 发生主要以洁净的压缩氧气（O_2）作为气源，用 O_3 发生器产生 O_3；CO_2 直接用压缩的 CO_2 作为气源；然后将 O_3、CO_2 通过鼓气系统的风机混合空气送入气室；布气系统运用一圈聚氯乙烯（PVC）管道，使气室内气体分布更加均匀。气体浓度控制系统和自动采集测量系统由可编程逻辑控制器、电磁阀系统、多通路布气控制器、质量流量计、数据采集器、O_3 和 CO_2 分析仪及计算机等构成。分别使用 O_3 和 CO_2 分析仪对 OTC 内气体浓度进行实时监测与记录，然后根据 OTC 内气体浓度与设定目标气体浓度的差异，用质量流量计供应的压缩 O_2/CO_2 的流量来控制气室内 O_3/CO_2 的浓度。利用可编程逻辑控制器对气室内的气体浓度进行动态控制。

图 1-1 O_3-CO_2-OTC（江苏扬州，2020 年）

1.3.3 开顶式气室技术的利弊

该方法可在田间条件下研究大气气体浓度升高对植物的影响，气室内气体浓度控制精确度较高，结果相对可靠，并可设置过滤空气和不过滤空气两种对照实验，特别的是，它还可以进行几种气体（如 CO_2 和 O_3）或者 O_3（或 CO_2）和其他环境胁迫因子的复合实验。几十年来，OTC 一直是植物对大气气体浓度升高响应研究的主要手段，用于定性阐明植物对大气气体浓度升高的响应机理（Iglesias et al.，2006），以及定量评价大气气体浓度升高对地表植被生长、生物量等方面的影响（Mills et al.，2007）。

尽管 OTC 经历了上述的改进和优化，能较精确控制气室内气体浓度，但室内温度、水分、光照、风力等生态因素与自然状态下仍存在明显差异。这些生态因子可能与 O_3/CO_2 存在交互效应，从而与自然中的真实效应存在较大差异。OTC 本身仍存在一些不足：①气室内光照强度、增温效应及内部气流变化模式等皆与自然生境存在较大差异（Olszyk et al.，1980），因此微气候效应在一定程度上制约着实验结果向自然生境的外推；②无法利用 OTC 开展大气气体浓度升高对成年大树影响的研究，只能以幼苗作为研究对象，其生长及生理应答特点等均有别于成年树种；③气室内树种相对单一，大多为盆栽植物，不存在激烈的种间及种内竞争；④气室内实验空间狭小，人为设置的隔离设施等可能对植物周围气候产生较大的扰动，再加上气室实验的边际效应，从而会改变植物对大气气体浓度升高响应的程度。上述不足共同决定了基于 OTC 的研究结果可能与自然条件下的实际情况之间仍然存在偏差（Kolb and Matyssek，2001）。

1.4　开放式气体浓度增加系统的发展历程及控制原理

室内生长箱和开顶式气室是早期研究大气中气体浓度升高对植物影响的主要手段，但是研究人员逐渐认识到了在野外和（半）封闭环境下的植物生长存在显著差异（Tissue et al.，1996），因此在开放环境条件下定量增加气体浓度的实验设备开始受到广泛关注。自 20 世纪 90 年代，国际上开始建立在完全开放式大气环境下，升高特定气体组分（主要是 CO_2 和 O_3）浓度的 FACE 平台，创造了一个开放式气体浓度升高的环境，有效地避免了气室研究的局限性。同时，该平台具有实验空间大（可支持树木长期生长，实验代表性强）、持续时间长等优点，从硬件上保证了实验内容的拓展性，同时也有利于形态、生理、遗传、生化等多学科的协同研究，以便从细胞、器官、个体、群落以及生态系统等多个水平上揭示大气气体浓度升高对植物影响的深层机理（列淦文等，2014）。

1.4.1　国内外开放式气体浓度增加系统的发展历史与现状

1.4.1.1　国外开放式气体浓度增加系统发展历史与现状

早期开放式气体浓度增加系统（FACE）是将低矮的植物暴露于大气痕量气体中，如二氧化硫（SO_2）和 O_3（Greenwood et al.，1982；Mooi and van der Zalm，1985）。1989 年，在美国亚利桑那州建立了全球第一个 CO_2-FACE 实验平台（Hendrey et al.，1993），用于研究 CO_2 浓度升高对 C_3 和 C_4 作物的影响。此后全球范围内建立了很多的 FACE 平台，大量 FACE 平台在 1995~2000 年开始运行。FACE 平台研究对象大多为长势较矮小的作物（高度≤2 m），且作物长势一致，在浓度控制的过程中因冠层气流扰动小，释放的气体能够较为均匀地沉降到冠层。而森林的冠层生长高度不一致，释放的气体不能均匀地扩散到样地内部。为了克服这些问题，布鲁克海文国家实验室采用从底部到冠层顶部垂直布气的方式，这种方式能够有效减少 CO_2 消耗量，降低运行成本（Hendrey et al.，1999），并且这种布气方式不受冠层非均匀分布的影响。随着同位素技术的发展，在德国南部山毛榉（*Fagus longipetiolata*）和欧洲云杉（*Picea abies*）混交林内建立了能够长

期升高冠层 CO_2 浓度和标记稳定同位素的综合系统,即在系统设计中,在冠层内部垂直均匀布设 PVC 管道,将稳定碳同位素比率为-46.9‰的 CO_2 均匀释放到冠层内部,在环境 CO_2 浓度基础上增加了约 100 ppm(Grams et al.,2011)。截至目前全球范围内已建成直径超过 8 m 的 CO_2-FACE 平台共 18 个(表 1-3),包括荒漠、草地、森林和农田等多个生态系统。澳大利亚悉尼的 EucFACE 是全球目前唯一正在运行的森林 CO_2-FACE 平台,而其他森林 FACE 平台已停止运行。EucFACE 的研究对象是原始桉树林,设定的目标 CO_2 浓度为 550 ppm,其是目前澳大利亚研究气候变化的最大设施。利用 CO_2-FACE 研究发现,大气 CO_2 浓度升高对陆地生态系统存在显著的"施肥效应",增加了叶片光合能力和净初级生产力,但是随着时间的推移,这种增加效应会随着生态系统氮可利用性的限制而逐步减弱(Long et al.,2004;Long,2006)。

表 1-3 国外开放式气体浓度增加系统(FACE)概况

名称	研究对象	控制因子	地点	开始运行年份	运行状态	文献
Maricopa FACE	C_3 和 C_4 作物	CO_2	美国亚利桑那州	1989	停止运行	Lewin et al.,1994
Swiss Eschikon FACE	牧草	CO_2	瑞士	1993	停止运行	Zanetti et al.,1996
Rapolano Mid FACE	葡萄和茄子	CO_2	意大利基安蒂	1995	停止运行	Miglietta et al.,1997
Duke Forest FACE	火炬松	CO_2	美国北卡罗来纳州	1996	停止运行	Hendrey et al.,1999
BioCON	自然草地	CO_2	美国明尼苏达州	1997	正在运行	Reich et al.,2001
Pasture FACE	牧草	CO_2	新西兰布尔斯	1997	停止运行	Edwards et al.,2001
Nevada Desert	沙漠	CO_2	美国内华达州	1997	停止运行	Jordan et al.,1999
Rice FACE	水稻	CO_2	日本雫石町	1998	停止运行	Okada et al.,2001
Oak Ridge	枫香树	CO_2	美国田纳西州	1998	停止运行	Norby et al.,2001
POPFACE	杨树	CO_2	意大利维泰博省	1999	停止运行	Miglietta et al.,2001
Swiss alpine treeline	挪威云杉	CO_2	瑞士巴塞尔	2000	停止运行	
Kranzberg Ozone Fumigation Experiment(KROFEX)	成熟云杉和山毛榉	O_3	德国弗赖辛	2000	停止运行	Werner and Fabian,2002
Aspen FACE	颤杨	CO_2,O_3	美国威斯康星州	2001	停止运行	Dickson et al.,2000
SoyFACE	大豆和玉米	CO_2,O_3	美国伊利诺伊州	2001	正在运行	
isoFACE	山毛榉和云杉混交林	CO_2	德国克兰斯伯格森林	2007	正在运行	Grams et al.,2011
Tsukuba FACE	水稻	CO_2	日本筑波	2010	正在运行	
Sapporo Forest	山毛榉和橡树幼苗	O_3	日本北海道	2011	正在运行	Watanabe et al.,2013
EucFACE	桉树	CO_2	澳大利亚悉尼	2012	正在运行	
Swiss calcareous FACE	草地	CO_2	瑞士		停止运行	
Irish seminatural FACE	半自然草地	CO_2	爱尔兰		停止运行	
3D ozone FACE	盆栽	O_3	意大利佛罗伦萨	2015	正在运行	Paoletti et al.,2017

目前 O_3-FACE 实验平台在全球范围内共有 7 个。美国伊利诺伊大学香槟分校在 CO_2-FACE 的基础上进行扩建,建设了全球第一个大型作物 O_3-FACE 用于研究 O_3 胁迫对大豆和玉米的影响(SoyFACE)。利用 SoyFACE 筛选出了不同 O_3 敏感性的大豆和玉米品种,为应对全球变化的农业精细化育种提供了明确方向(Yendrek et al.,2017;

Choquette et al., 2019)。在美国威斯康星州的 Aspen FACE 也增加了 O_3-FACE 研究 O_3 对颤杨 (*Populus tremuloides*) 的影响, 结果表明 O_3 浓度升高使颤杨生物量降低了 23% (Karnosky et al., 2003), 且这种影响随着实验时间的推移日益加重。德国的 Kranzberg Ozone FACE 研究结果也表明 O_3 显著降低了山毛榉的生产力 (Pretzsch et al., 2010)。目前这两座森林 O_3-FACE 系统已经停止运行。进入 2010 年后, 日本和意大利建设了两座小型 O_3-FACE 系统。尽管这些系统与大型森林 FACE 缺乏可比性, 但是小型的 FACE 具有良好的灵活性, 能够根据实验设计的不同更换研究对象, 有助于研究不同物种的 O_3 敏感性。

1.4.1.2 中国 FACE 发展历史与现状

我国 FACE 研究的应用起步于 2001 年, 比美国晚了 10 多年。目前我国建设了 4 个大型 FACE 平台, 其中 3 个为稻麦轮作 FACE, 另一个为杨树人工林 O_3-FACE 平台 (表 1-4)。中国科学院南京土壤研究所在无锡年余农场建立了中国第一个稻麦 CO_2-FACE, 并于 2007 年在扬州市江都区小纪镇建立了中国第一个稻麦 O_3-FACE 平台 (唐昊冶等, 2010; Tang et al., 2011), 随后在 FACE 样地内研究空气增温对作物的影响。利用这一 FACE 平台研究了 CO_2 和 O_3 浓度升高对作物产量及稻麦品质等方面的影响, 同时也研究了 CO_2 和 O_3 浓度升高对农田生态系统养分循环过程的影响 (杨连新等, 2009)。研究发现, 随着 CO_2 浓度的升高, 水稻产量增加了 5%~400%。这表明 CO_2 浓度升高表现为施肥效应, 且不同品种表现出不同的应答能力。此外, 通过收集中国和日本 CO_2-FACE 实验的结果, 研究人员评估了 18 个水稻 (*Oryza sativa*) 品种籽粒品质对 CO_2 浓度升高的响应, 结果表明高浓度 CO_2 处理下, 水稻籽粒中的蛋白质含量下降了 10%, 铁、锌和维生素含量均下降 (Zhu et al., 2018)。水稻是全球范围内重要的粮食作物, 其营养含量的降低将导致人在获取相同质量的食物后, 所摄入的营养不能满足需求而造成 "隐性饥饿"。O_3 作为一种植物毒素严重威胁了稻麦的产量, 未来 O_3 浓度升高 25% 会使冬小麦产量减少约 20%, 杂交水稻和常规粳稻减产 10%~30% (彭斌等, 2014)。总体而言, 通过 FACE 研究明确了全球变化对我国粮食安全和粮食营养价值的影响。

表 1-4 中国开放式气体浓度增加系统 (FACE) 概况

名称	研究对象	控制因子	研究机构	地点	开始运行年份	运行状态	文献
China FACE	水稻和小麦	CO_2+O_3+温度	中国科学院南京土壤研究所	江苏江都	2001	停止运行	Tang et al., 2011
CO_2-FACE	水稻	CO_2+温度	南京农业大学	江苏常熟	2011	正在运行	
O_3-N-FACE	杨树	O_3+氮添加	中国科学院生态环境研究中心	北京延庆	2017	停止运行	Xu et al., 2021
O_3-T-FACE	水稻和小麦	O_3+温度	南京信息工程大学	江苏江都	2020	正在运行	

为了明确自然条件下 O_3 升高对森林生态系统的影响, 2017 年在北京延庆建设了我国第一个杨树人工林的 O_3-FACE 平台, 该实验平台的研究内容涵盖了光合生理、植物次生代谢物、土壤微生物和根系周转等生态学过程, 为评估空气污染对中国陆地生态系统碳源汇及水分利用的影响提供了模型参数。

1.4.2 开放式气体浓度增加系统实验的基本原理和装置分类

1.4.2.1 FACE 的基本原理

FACE 实验建立在野外条件下，将高浓度的 CO_2/O_3 通过管道释放到植物冠层，用于模拟未来大气中 CO_2/O_3 浓度升高对研究对象的影响。FACE 装置可以用来探究气体浓度升高对粮食产量品质、陆地生态系统碳动态、水循环过程、生态系统养分的迁移转化和土壤微生物的影响（Norby and Zak，2011），在全球变化的研究中发挥着关键作用。利用全球已有的 OTC 和 FACE 数据进行荟萃分析（meta-analysis），研究结果表明 O_3 变化对作物产量损失的评估在 OTC 和 FACE 中存在显著差异（Feng et al.，2018），同时 OTC 的结果高估了 CO_2 浓度升高对作物产量的影响（Long et al.，2005）。因此利用开放式的 FACE 平台能够更加精准地评估 CO_2/O_3 对植物的影响。

FACE 装置最大的优势是能够在完全开放的环境下模拟生态系统（地上和地下部分）对 CO_2 或 O_3 浓度升高的反应。全球变化对生态系统地下过程的影响是目前研究的热点。FACE 平台实验空间大，实验的植物都直接种植于大田中，能连续实验多年（目前最长实验年数达到了 15 年），因此是研究地下生态过程的极佳平台。因幼苗和成年植物对全球变化存在不同的响应过程，OTC 箱内尺寸的限制不适合研究气体浓度升高对速生木本植物的连续多年影响。大量 FACE 平台在升高 CO_2/O_3 浓度的基础上实现了与氮沉降或干旱等的复合因子实验（Nowak et al.，2004）。一些 FACE 平台利用不同碳丰度的 CO_2 实现长期标记，为生态系统的研究提供了新的研究手段和方法（Leavitt et al.，1995）。

大气中的 CO_2 和 O_3 浓度分别约为 400 ppm 和 60 ppb（1 ppb=10^{-9}），两种气体浓度相差巨大。因此，在 FACE 装置的设计过程中需要根据气体类型、目标浓度和实验样地实际情况选择合适的设计方案。通常在 CO_2-FACE 中主要采用大型液态 CO_2 存储容器和汽化装置，将汽化后的 CO_2 直接传输到样地内并释放到植物冠层。而在 O_3-FACE 中由于 O_3 容易分解、不易存储，因此主要通过纯氧气高压电离产生。需要注意的是，工业用 O_3 发生器一般配备有空气源制氧机，通过该装置制备的氧气中含有一定量的氮气，在电离过程中会产生氮氧化物，对植物存在一定的影响，而纯氧中杂质较低，能够有效控制实验过程中的影响变量。不同于 CO_2，高浓度 O_3 是强氧化剂，直接喷射在叶片表面会产生急性 O_3 伤害，因此 O_3 浓度的控制需要更为精准，避免浓度波动过大。为了使高浓度的 O_3 能远距离传输到样地内，并且从管道释放出来的高浓度 O_3 能快速扩散到大气中，需要使用大功率空气压缩机压缩清洁干燥空气稀释发生器产生的 O_3。总体来说，FACE 装置的研制过程需要使用在其他领域常见的工业化设备。

在 CO_2/O_3-FACE 系统的研发过程中，基于算法进行浓度控制是整个系统的核心。为了达到设定的目标浓度，在运行 FACE 的过程中需要消耗大量的资源，大型设备的定期维护也增加了 FACE 的运行成本。目前全球绝大多数的 FACE 平台已经实现了自动化控制。通过同时监测对照样地和控制样地的气体浓度，结合环境要素，利用快速反馈的比例-积分-微分方程调控流量计实时控制气体浓度，避免了气体浓度过度波动，实现稳定调控。利用数据采集系统将样地的气体浓度、风速风向和温湿度等信息采集存储到中控室,实现测量、控制、存储的一体化。在很多平台中还能将 FACE 数据传输到服务器中,研究人员只要通过网站输入自己的用户名和密码,即可实现数据共享和分级管理。在过去,FACE 平台的数据控制系统主要利用 Campbell 公司的数据采集器实现数据采集和自动化控制。但是随着物联网技术的快速发展,近些年可将工业设备应用于科研领域,这不仅降低了建设成本,还可以保障系统的稳定性,为后续的维护保养提供方便。

1.4.2.2　FACE 实验装置分类

FACE 实验装置在森林、草地和农田等不同生态系统中被广泛应用,因研究对象高度、占地面积不同,关注的主要问题也不尽相同。在样地内如何将气体均匀地释放到冠层是 FACE 装置设计中的难点。因此,FACE 实验根据研究对象的特点形成了以下三种最为主要的气体释放方式。

冠层顶部布气:在冠层上方布设气体自由沉降的方式,主要应用于作物和草地生态系统的研究中。如图 1-2 所示,FACE 样地以圆形和正八边形为主,样地直径要在 8 m 以上,在样地内部设置了一定的缓冲区域以避免边缘效应的产生(刘钢等,2002)。以中国科学院南京土壤研究所的完全开放式 CO_2/O_3-FACE 为例,单个 FACE 样地为直径 14 m 的正八边形,沿边界向内 1 m 宽度作为缓冲区域,有效面积约为 120 m^2。布气管道环绕在样地周围,通过样地中心的风向传感器确定风向,同时开启位于上风方向的布气管道。通过自然风将气体传输到 FACE 样地内,在传输的过程中高浓度的 CO_2/O_3 在空气中自由扩散稀释,避免高浓度气体直接接触叶片产生影响。这种布气方式目前主要应用于美国伊利诺伊大学香槟分校针对大豆(*Glycine max*)、玉米(*Zea mays*)进行的 CO_2/O_3-FACE,中国扬州针对稻麦轮作进行的 CO_2/O_3-FACE(刘钢等,2002),以及美国内华达州荒漠草原进行的 CO_2-FACE(Hendrey et al.,1993)。这种布设方式增加了冠层气体浓度,然后使其自由沉降,该方法符合自然条件下气体浓度廓线分布规律,通过自然风传输进行了气体混合,可有效避免气体浪涌。这种布气方式的主要缺点是在低风和大风条件下气体浓度不容易控制,尤其在无风条件下气体不能有效扩散。一些 FACE 平台为了避免气体浓度分布不均,在无风条件下会停止放气。在大风天气时释放的气体被风快速带走,不仅消耗大量的气体,也不能达到设定的浓度。

图 1-2　冠层顶部布气(扬州江都,2020 年)

样地周围垂直布气：垂直布气主要应用于森林生态系统中，如美国杜克大学森林 FACE（Hendrey et al.，1999）、橡树岭国家实验室和 Aspen FACE 平台。由于树木个体较大，为了增加单个 FACE 样地内植物个体的数量，单个样地的直径约为 25 m。另外，由于森林冠层高度不均，如果采用冠层上方布气的方式，风扩散能力有限，布气不均匀，而垂直布气可有效地解决该问题（图 1-3）。以杜克森林的 FACE 实验为例，该研究样地直径为 30 m，在样地周围布设了 16 根高 12 m 的管道，在管道上开了圆孔，CO_2 气体从圆孔中喷射进入样地内部，实现样地内 CO_2 浓度的增加（Hendrey et al.，1999）。

图 1-3　样地周围垂直布气（图片来源于 https://www.westernsydney.edu.au/hie/EucFACE）

样地内垂直布气：为了减少气体的损失，近些年研究人员将布气管道从顶部均匀地布设在整个冠层中间。通过这种方式在全球范围内建设了许多 mini-FACE 平台，节约了大量研究经费。日本和意大利利用此布气方式，分别建立了森林树木的 O_3-FACE 平台（图 1-4）（Watanabe et al.，2013；Paoletti et al.，2017），他们利用内径 4 mm 的聚四氟乙烯管，将高浓度 O_3 布设到整个样地内部，使整个样地内的 O_3 浓度均匀增加。同时这种方法也被应用于德国的 isoFACE 平台，即将低稳定碳同位素比率的 CO_2 气体均匀释放到冠层内部。总体而言，这种布气方式不用考虑冠层和风速的影响，显著提高了浓度分布的均匀性。但是在增加 O_3 浓度实验中存在严重的问题，O_3 浓度在实际大气中存在显著的垂直分布规律，因此这样的布设方法与自然情况下并不一致，会过高估计大气气体成分的生态效应。此外，从管道中释放出来的 O_3 浓度极高，释放气体的管路与植物叶片的间距较小，直接喷射在叶片表面容易造成叶片的急性伤害。在我国，为了研究 O_3 对杨树人工林的影响，在北京市延庆区建立了世界第一个东方白杨（*Populus deltoides*）人工林开放式 O_3 浓度升高与氮沉降研究平台（O_3-N-FACE）（图 1-5），改进了样地内垂直布气方式，在边长为 16 m 的正方形样地上方设置了 8 根长 16 m 的管道，从管道释放的 O_3 气体只需要通过自然风扩散 2 m 的距离即可实现有效布气。增加的 O_3 气体通过自由扩散和沉降方式向下移动，更加符合自然大气沉降规律。研究对象杨树具有生长快的特点，在布气过程中需要保持释放气体的管道距离冠层 1 m 左右，避免高浓度 O_3 直接喷射到叶片表面。

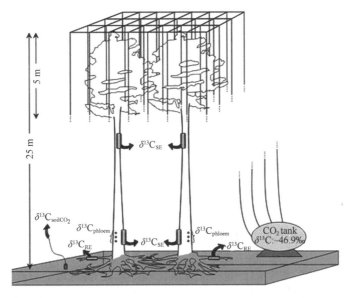

图 1-4　样地内垂直布气理论示意图（Grams et al.，2011）

$\delta^{13}C_{SE}$、$\delta^{13}C_{RE}$、$\delta^{13}C_{phloem}$、$\delta^{13}C_{soilCO_2}$ 分别表示茎、根、韧皮部和土壤稳定的碳同位素信号；CO_2 tank 表示 CO_2 储存罐

图 1-5　O_3-N-FACE 平台（北京延庆，2019 年）

1.4.2.3　FACE 的经典案例

这里以南京信息工程大学扬州绿色农业研究与示范基地的大型 O_3-FACE 为例（图 1-2），详细介绍 FACE 平台的组成结构以及性能。该 FACE 搭建于 2020 年，每个圈为直径 14 m 的正八边形，有效实验面积为 120 m^2。为了避免处理圈增加的 O_3 浓度对其他圈的影响，每个处理圈相互之间以及处理圈与对照圈之间的间隔都大于 70 m。

　　整个平台主要由 O_3 供应系统、O_3 释放系统以及平台监控系统三大部分所组成（图1-6）（唐昊冶等，2010）。O_3 供应系统：提供升高目标区域内作物冠层 O_3 浓度所需的 O_3，该系统主要由 O_3 发生单元、压缩空气单元以及混气单元所组成。O_3 发生单元和压缩空气单元为所有 FACE 圈提供 O_3 气体以及压缩载气，而每个 FACE 圈都有各自独立的混气单元，系统自动根据各 FACE 圈实际的 O_3 流量要求，通过质量流量控制器调节输送到各 FACE 圈混气单元中的 O_3 气体流量。O_3 释放系统：经过加压混合后的 O_3 气体由送气管道输送到田间，该系统主要由八边形布气管、风速风向传感器、数据采集控制器和 O_3 分析仪等组成。平台监控系统：主要包括主控制计算机及控制程序软件。数据采集控制器分别连接各系统单元对应的仪器设备和电磁阀门，采集并储存田间监测到的数据信息并传送到主控制计算机，同时接收主控制计算机发出的控制指令并转化为电信号，从而控制各仪器设备和电磁阀门的工作状态。该实验平台 FACE 圈内目标 O_3 浓度设定值高于对照圈 O_3 浓度的 50%。由于 O_3 浓度波动很大，该平台没有采用固定升高 O_3 浓度值而是采用依据环境 O_3 浓度的日变化规律成比例地升高 O_3 浓度。与 CO_2 气体不同，O_3 气体易分解、不能被贮存，因此在 O_3-FACE 平台的设计上，采取即时发生-控制混气-输送-自由释放的方式。

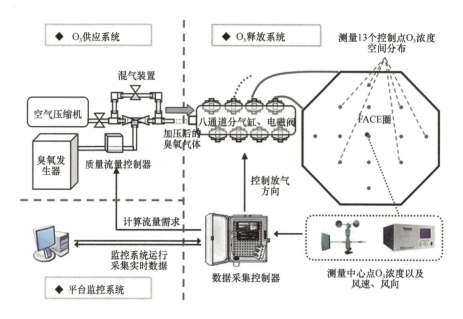

图 1-6　O_3-FACE 平台结构（唐昊冶等，2010）

　　FACE 平台没有隔离设施，气体在田间自由流通，系统内部的通风、光照和温湿度等条件处在自然生态环境中，实现了自然环境下对不同类型植被生态系统如农田、森林、草地、沼泽等的定量观测研究，实验结果可靠性高，得到各国学者的一致认同。但是，由于 FACE 对仪器设备要求高，运行维护等技术要求高，费用昂贵，普适性相对较差。

1.5　当前 O_3 污染对生态系统影响的评估方法

上述 O_3 控制实验方法通过控制 O_3 浓度来研究未来 O_3 浓度升高下植物、土壤等各生态过程的响应过程和机理。对于目前 O_3 污染的现状，可以通过原位调查和喷施化学防护剂等方法，量化当前 O_3 污染对植物造成的损失。

1.5.1　原位调查

原位调查可以通过野外观察叶片形态、伤害症状、表观生长特性和群落结构功能等来判断 O_3 污染现状，并且可以通过敏感物种对 O_3 污染的响应进行预警；也可以借助 O_3 梯度分布进行区域尺度上的差异比较。植物叶片 O_3 可见损伤已列入欧洲林业组织以及北美的一些森林健康监测项目中。观察植物 O_3 叶片可见损伤已成为一种重要的研究方法，被用来确定 O_3 对植物的有害影响，评估不同物种对 O_3 污染的敏感性，筛选指示植物，以及在不同地区进行 O_3 风险评估研究（Bytnerowicz et al.，2008）。近些年，我国学者也开展了很多关于 O_3 对野外植物叶片伤害的调查，确认了一些在自然条件下对 O_3 伤害敏感的树种，并对其表现症状进行了描述。通过在北京市主要公园、森林和农业地区进行 O_3 可见伤害调查，发现有 28 个不同物种叶片出现 O_3 损伤，且位于郊区（北京市区下风向）的叶片出现损伤症状比城市公园频繁。作物的 O_3 损伤较普遍，不同类型的豆科植物、西瓜、葡萄和葫芦等均发现可见叶片 O_3 损伤症状（图 1-7）（冯兆忠等，2021）。

O_3 诱发的损伤在物种间具有特异性，也取决于其他环境生物和气候因素，因此诊断植物的 O_3 伤害症状是非常复杂的，只有经过专业的训练才能诊断出是由 O_3 导致的伤害症状。叶片 O_3 损伤症状与其他生物或非生物因素引起的症状不同，且在不同功能性植物中也有所区别。阔叶植物 O_3 可见症状有如下特点：①中龄叶和老叶的 O_3 症状比新叶严重，且症状首先在老叶出现（叶龄效应）；②叶片的阴影区域（如叶片重叠区域）通常不会出现 O_3 症状（阴影效应）；③O_3 可见症状通常不会穿透叶片组织，大多出现在叶片上表面，典型症状表现为细小的紫红色、黄色或黑色斑点，且有时会随着 O_3 胁迫时间延长出现变红或变古铜色等变色现象；④斑点化甚至是变色仅发生在叶脉之间的区域，而不影响叶脉；⑤受损叶片衰老得更快，凋落得更快。针叶植物的 O_3 可见症状出现在树冠上半部分以及树枝和针叶的上表面，有以下主要特点：①最常见的 O_3 症状是出现褪绿斑点，此症状表现为叶片出现大小相似的黄色或浅绿色区域，且绿色和黄色区域之间没有明显的边界，每束针叶之间受损程度存在差异；②褪绿斑点通常仅发生在叶龄两年及以上的老叶，随着针叶生长时间递增其症状可能会更严重（叶龄效应）；③与针叶阴影区域相比，处于光照下的针叶区域的褪绿斑点症状更明显；④如果针叶互相紧紧簇生在一起形成一个光滑面，那么斑点将更易形成。

1.5.2　化学防护剂

除了通过原位调查评估目前 O_3 污染的现状，还可以运用喷施 O_3 化学防护剂的方

图 1-7 典型的叶片 O_3 伤害症状（冯兆忠等，2021）

（a）臭椿（*Ailanthus altissima*）；（b）葎叶蛇葡萄（*Ampelopsis humulifolia*）；（c）花曲柳（*Fraxinus rhynchophylla*）；（d）白皮松（*Pinus bungeana*）；（e）刺槐（*Robinia pseudoacacia*）；（f）木槿（*Hibiscus syriacus*）；（g）刀豆（*Canavalia gladiata*）；（h）豇豆（*Vigna unguiculata*）；（i）冬瓜（*Benincasa hispida*）；（j）丝瓜（*Luffa cylindrica*）；（k）西瓜（*Citrullus lanatus*）；（l）葡萄（*Vitis vinifera*）

法来量化目前 O_3 污染对植物造成的损失。Carnahan 等（1978）发现一种新型化学合成物质——N-[2-(2-氧-1-咪唑啉膦酰胺)乙基-]-N-苯基脲（ethylenediurea，EDU）可有效减缓植物 O_3 损伤，使 O_3 化学防治工作得以迅速开展。目前，经过几十年的发展，EDU 已成为 O_3 对植物损伤防治领域研究的主要工具。EDU 对植物叶片有一定的保护作用，可减缓叶片衰退，促进植物生长，并最终增加产量（Feng et al.，2010）。近年来，随着环境 O_3 浓度的升高，利用自然环境中天然 O_3 的浓度梯度，对作物或树木进行 EDU 喷施的研究日趋增多。在当前环境 O_3 浓度下取得的实验结果更加可靠，更能反映田间植物对 O_3 的实际响应（图 1-8）。

EDU处理　　　　　　　　　　　对照处理

图 1-8　EDU 对生长在当前环境 O_3 浓度下小麦的保护作用

1.6　总结与展望

　　化石燃料的燃烧与城市化进程的加快导致大气中 CO_2 和 O_3 浓度日益升高，大气气体浓度的变化会对植物个体和陆地生态系统结构与功能产生影响。CO_2 浓度升高增加了陆地生态系统碳汇能力，而 O_3 浓度升高导致作物减产和生态系统固碳损失。为了探究生态系统对这些大气组分改变的响应，需要基于控制实验模拟大气组分的变化。由于大气中 CO_2 和 O_3 等气体看不见、摸不着，其控制实验技术要求相对较高。近几十年，随着控制技术提高，模拟大气气体浓度升高的装置不断优化，从最简单的室内生长箱模拟实验到野外开顶式气室（OTC），再到与自然环境完全一样的大型开放式气体浓度增加系统（FACE）。尽管这些技术已经被广泛运用于研究大气组分改变对生态系统的影响，然而当前实验仍存在一些问题：①目前开展了大量 OTC 和 FACE 实验，但是这些研究多集中于样地尺度探究大气气体浓度升高对植物的影响机理，并且不同研究结果也不统一。因此，需开展全球联网实验，在不同区域采用相同实验设计，为模型提供更可靠的参数。②由于森林生态系统冠层高，FACE 建设和运行成本大，目前大多 FACE 实验集中于农田生态系统；并且 FACE 实验分布相对集中、不均匀，全球范围内主要分布在中纬度区域，而在我国主要分布于长江三角洲地区。未来需要在不同生态系统以及全球不同区域开展相关模拟实验，使得研究结果更有代表性。③目前大多 FACE 是单因子或者双因子实验，而全球面临多种变化因子的复合影响，多个全球变化因子对植物个体生理生态过程和生态系统的影响更加复杂，不同因子间存在拮抗或者协同作用。因此，未来需利用 FACE 技术设置多个全球变化因子的实验。④目前关于 CO_2 和 O_3 浓度对生态系统影响研究更多地关注地上过程，而对地下根系以及土壤过程的关注较少。因此，未来的 FACE 实验需加强地下过程研究，为全面理解生态系统物质循环对全球变化的响应和反馈提供有力的理论基础。⑤野外控制实验平台建设和运行费用昂贵，未来需结合原位调查和喷施化学防护剂等方法，阐明当前环境因子对生态系统的影响。

参 考 文 献

陈法军, 戈峰, 苏建伟. 2005. 用于研究大气二氧化碳浓度升高对农田有害生物影响的田间实验装置: 改良的开顶式气室. 生态学杂志, 24(5): 585-590.

冯兆忠, 李品, 袁相洋, 等. 2018. 我国地表臭氧的生态环境效应研究进展. 生态学报, 38(5): 1530-1541.

冯兆忠, 李品, 袁相洋, 等. 2021. 中国地表臭氧污染及其生态环境效应. 北京: 高等教育出版社.

列淦文, 叶龙华, 薛立. 2014. 臭氧胁迫对植物主要生理功能的影响. 生态学报, 34(2): 294-306.

刘钢, 韩勇, 朱建国, 等. 2002. 稻麦轮作 FACE 系统平台 I. 系统结构与控制. 应用生态学报, 13(10): 1253-1258.

彭斌, 赖上坤, 李潘林, 等. 2014. 臭氧与栽插密度互作对扬 6 号生长发育和产量形成的影响: FACE 研究. 中国水稻科学, 28(4): 401-410.

唐昊冶, 刘钢, 韩勇, 等. 2010. 农田开放体系中调控臭氧浓度装置平台(O$_3$-FACE)研究. 土壤, 42(5): 833-841.

王春乙. 1995. 臭氧对农作物的影响研究. 应用气象学报, 6(3): 343-349.

王春乙. 1996. OTC-1 型开顶式气室的结构和性能与国内外同类气室的比较. 环境科学进展, 4(1): 50-57.

杨连新, 王云霞, 朱建国, 等. 2009. 十年水稻 FACE 研究的产量响应. 生态学报, 29(3): 1486-1497.

郑启伟, 王效科, 冯兆忠, 等. 2007. 用旋转布气法开顶式气室研究臭氧对水稻生物量和产量的影响. 环境科学, 28(1): 170-175.

Bytnerowicz A, Arbaugh M, Schilling S, et al. 2008. Ozone distribution and phytotoxic potential in mixed conifer forests of the San Bernardino Mountains, southern California. Environmental Pollution, 155: 398-408.

Carnahan J E, Jenner E L, Wat E K W. 1978. Prevention of ozone injury to plants by a new protectant chemical. Phytopathology, 68: 1225-1229.

Choquette N E, Ogut F, Wertin T M, et al. 2019. Uncovering hidden genetic variation in photosynthesis of field-grown maize under ozone pollution. Global Change Biology, 25: 4327-4338.

Dickson R E, Lewin K F, Isebrands J G, et al. 2000. Forest Atmosphere Carbon Transfer and Storage (FACTS-II) The Aspen Free-air CO$_2$ and O$_3$ Enrichment (FACE) Project: An Overview. General Technical Report NC-214, USDA Forest Service, North Central Research Station, Rhinelander, WI.

Dochinger L S, Bender F W, Fox F L, et al. 1970. Chlorotic dwarf of eastern white pine caused by an ozone and sulphur dioxide interaction. Nature, 225: 476.

Edwards G E, Furbank R T, Hatch M D, et al. 2001. What does it take to be C$_4$? Lessons from the evolution of C$_4$ photosynthesis. Plant Physiology, 125: 46-49.

Feng Z W, Jin M H, Zhang F Z, et al. 2003. Effects of ground-level ozone (O$_3$) pollution on the yields of rice and winter wheat in the Yangtze River delta. Journal of Environmental Sciences, 15: 360-362.

Feng Z Z, Uddling J, Tang H Y, et al. 2018. Comparison of crop yield sensitivity to ozone between open-top chamber and free-air experiments. Global Change Biology, 24: 2231-2238.

Feng Z Z, Wang S, Szantoi Z, et al. 2010. Protection of plants from ambient ozone by applications of ethylenediurea (EDU): a meta-analytic review. Environmental Pollution, 158: 3236-3242.

Grams T E E, Werner H, Kuptz D, et al. 2011. A free-air system for long-term stable carbon isotope labeling of adult forest trees. Trees, 25: 187-198.

Greenwood P, Greenhalgh A, Baker C, et al. 1982. A computer-controlled system for exposing field crops to gaseous air pollutants. Atmospheric Environment, 16: 2261-2266.

Heagle A S, Body D E, Heck W W. 1973. An open-top field chamber to assess the impact of air pollution on plants. Journal of Environmental Quality, 2: 365-368.

Heagle A S, Philbeck R B, Rogers H H, et al. 1979. Dispensing and monitoring ozone in open-top field chambers for plant-effects studies. Phytopathology, 69: 15-20.

Heck W W, Adams R M, Cure W W, et al. 1983. A reassessment of crop loss from ozone. Environmental Science and Technology, 17: 572-581.

Heck W W, Philbeck R B, Dunning J A. 1978. A continuous stirred tank reactor (CSTR) system for exposing plants to gaseous air contaminants: Principles, specifications, construction, operation. New York: U S Department of Agriculture: 173-249.

Hendrey G R, Ellsworth D S, Lewin K F, et al. 1999. A free-air enrichment system for exposing tall forest vegetation to elevated atmospheric CO$_2$. Global Change Biology, 5: 293-309.

Hendrey G R, Kimball B. 1994. The FACE program. Agricultural and Forest Meteorology, 70: 3-14.

Hendrey G R, Lewin K F, Nagy J. 1993. Control of carbon dioxide in unconfined field plots. II: design and Execution of Experiments on CO$_2$ Enrichment Ecosystems Research Report 6. Commission of the European Communities: 309-329.

Iglesias D J, Calatayud A, Barreno B, et al. 2006. Responses of citrus plants to ozone: leaf biochemistry, antioxidant mechanisms and lipid peroxidation. Plant Physiology and Biochemistry, 44: 125-131.

Jordan D N N, Zitzer S F, Hendrey G R, et al. 1999. Biotic, abiotic and performance aspects of the Nevada Desert Free-Air CO$_2$ Enrichment (FACE) Facility. Global Change Biology, 5: 659-668.

Karnosky D F, Zak D R, Pregitzer K S, et al. 2003. Tropospheric O$_3$ moderates responses of temperate hardwood forests to elevated CO$_2$: a synthesis of molecular to ecosystem results from the Aspen FACE project. Functional Ecology, 17: 289-304.

Kobayashi K, Okadab M, Nouchi I. 1995. Effects of ozone on dry matter partitioning and yield of Japanese cultivars of rice (*Oryza sativa* L.). Agriculture, Ecosystems and Environment, 53: 109-122.

Kolb T E, Matyssek R. 2001. Limitations and perspectives about scaling ozone impacts in trees. Environmental Pollution, 115: 373-392.

Leavitt S W, Paul E A, Galadima A, et al. 1995. Carbon isotopes and carbon turnover in cotton and wheat FACE experiments. Plant and Soil, 187: 147-155.

Lewin K F, Hendrey G R, Nagy J, et al. 1994. Design and application of a free-air carbon dioxide enrichment facility. Agricultural and Forest Meteorology, 70: 15-29.

Long S P. 2006. Food for thought: lower-than-expected crop yield stimulation with rising CO$_2$ concentrations. Science, 312: 1918-1921.

Long S P, Ainsworth E A, Leakey A D B, et al. 2005. Global food insecurity. Treatment of major food crops with elevated carbon dioxide or ozone under large-scale fully open-air conditions suggests recent models may have overestimated future yields. Philosophical Transactions of the Royal Society B: Biological Sciences, 360: 2011-2020.

Long S P, Ainsworth E A, Rogers A, et al. 2004. Rising atmospheric carbon dioxide: plants face the future. Annual Review of Plant Biology, 55: 591-628.

Mandle R H A. 1973. Cylindrical open top chamber for the exposure of plants to air pollutants in the field. Journal of Environmental Quality, 2: 371-376.

Menser H A. 1966. Carbon filter prevents ozone fleck and premature senescence of tobacco leaves. Phytopathology, 56: 466-467.

Miglietta F, Lanini M, Bindi M, et al. 1997. Free air CO$_2$ enrichment of potato (*Solanum tuberosum* L.): design and performance of the CO$_2$ fumigation system. Global Change Biology, 3: 417-427.

Miglietta F, Peressotti A, Vaccari F P, et al. 2001. Free-air CO$_2$ enrichment (FACE) of a poplar plantation: the POPFACE fumigation system. New Phytologist, 150: 465-476.

Mills G, Buse A, Gimeno B, et al. 2007. A synthesis of AOT40-based response functions and critical levels of ozone for agricultural and horticultural crops. Atmospheric Environment, 41: 2630-2643.

Mooi I J, van der Zalm A J A. 1985. Research on the effects of higher than ambient concentrations of SO$_2$ and NO$_2$ on vegetation under semi-natural conditions: the developing and testing of a field fumigation system; process description. First Interim Report to the Commission of the European Communities, EEC Contract ENV-677-NL. January–December 1983. Research Institute for Plant Protection, Wageningen, Netherlands.

Norby R J, Todd D E, Fults J, et al. 2001. Allometric determination of tree growth in a CO$_2$-enriched sweetgum stand. New Phytologist, 150: 477-487.

Norby R J, Zak D R. 2011. Ecological lessons from free-air CO_2 enrichment (FACE) experiments. Annual Review of Ecology, Evolution, Systematics, 42: 181-203.

Nowak R S, Ellsworth D S, Smith S D. 2004. Functional responses of plants to elevated atmospheric CO_2: do photosynthetic and productivity data from FACE experiments support early predictions? New Phytologist, 162: 253-280.

Okada M, Lieffering M, Nakamura H, et al. 2001. Free-Air CO_2 Enrichment (FACE) using pure CO_2 injection: system description. New Phytologist, 150: 251-260.

Olszyk D M, Tibbitts T W, Hertzberg W M. 1980. Environment in open-top field chambers utilized for air pollution studies. Journal of Environmental Quality, 9: 610-615.

Paoletti E, Materassi A, Fasano G, et al. 2017. A new-generation 3D ozone FACE (Free Air Controlled Exposure). Science of the Total Environment, 575: 1407-1414.

Pretzsch H, Dieler J, Matyssek R, et al. 2010. Tree and stand growth of mature Norway spruce and European beech under long-term ozone fumigation. Environmental Pollution, 158: 1061-1070.

Reich P B, Knops J, Tilman D, et al. 2001. Plant diversity enhances ecosystem responses to elevated CO_2 and nitrogen deposition. Nature, 411: 809-810.

Tang H Y, Liu G, Han Y, et al. 2011. A system for free-air ozone concentration elevation with rice and wheat: control performance and ozone exposure regime. Atmospheric Environment, 45: 6276-6282.

Tissue D T, Thomas R B, Strain B R. 1996. Growth and photosynthesis of loblolly pine (*Pinus taeda*) after exposure to elevated CO_2 for 19 months in the field. Tree Physiology, 16: 49-59.

Watanabe M, Hoshika Y, Inada N, et al. 2013. Photosynthetic traits of Siebold's beech and oak saplings grown under free air ozone exposure in northern Japan. Environmental Pollution, 174: 50-56.

Werner H, Fabian P. 2002. Free-air fumigation of mature trees: a novel system for controlled ozone enrichment in grown-up beech and spruce canopies. Environmental Science and Pollution Research, 9: 117-121.

Wood F A, Drummond D B, Wilhour R G, et al. 1973. Exposure chamber for studying the effects of air pollutants on plants. Pennsylvania Agricultural Experiment Station Report: 335.

Xu Y S, Feng Z Z, Kobayashi K. 2021. Performances of a system for free-air ozone concentration elevation with poplar plantation under increased nitrogen deposition. Environmental Science and Pollution Research, 28: 58298-58309.

Yendrek C R, Erice G, Montes C M, et al. 2017. Elevated ozone reduces photosynthetic carbon gain by accelerating leaf senescence of inbred and hybrid maize in a genotype-specific manner. Plant, Cell & Environment, 40: 3088-3100.

Zanetti S, Hartwig U A, Luscher A, et al. 1996. Stimulation of symbiotic N_2 fixation in *Trifolium repens* L. under elevated atmospheric pCO_2 in a grassland ecosystem. Plant Physiology, 112: 575-583.

Zhu C W, Kobayashi K, Loladze I, et al. 2018. Carbon dioxide (CO_2) levels this century will alter the protein, micronutrients, vitamin content of rice grains with potential health consequences for the poorest rice-dependent countries. Science Advances, 4: eaaq1012.

第 2 章　陆地生态系统野外增温控制实验的技术与方法[①]

2.1　背　景

自 1988 年联合国政府间气候变化专门委员会（Intergovernmental Panel on Climate Change，IPCC）成立、1990 年发布第一期评估报告以来，政府和公众对气候变化及碳循环的重视程度有了极大的提升。伴随着工业革命的推进，化石燃料燃烧和土地利用变化等人为活动的增加导致全球碳排放急剧增加。目前，随着大气二氧化碳（CO_2）及其他温室气体浓度的进一步上升，全球地表平均温度已经增加了 1℃ 左右（IPCC，2013）。根据 IPCC 的预测，到 21 世纪末全球平均气温还将继续增加 1.5～2.0℃，最高可达 4℃ 左右（IPCC，2013）。这种前所未有的全球温度上升不仅会导致冻土融化、海平面上升等一系列直接影响人类生存发展的问题的出现，还会直接影响或通过降水分布变化等途径间接影响陆地植被的生长代谢、适应策略及其在大尺度上的分布特征，进而深刻影响到各个生态系统，乃至整个生物圈的结构和功能（牛书丽等，2007）。

作为全球碳循环的重要组成部分，陆地生态系统的碳收支在调节大气 CO_2 浓度和全球气候变化的过程中发挥着十分关键的作用（贺金生等，2004）。有研究指出，2007～2016 年陆地生态系统的碳汇（净吸收）可以抵消所有人类活动所导致碳排放的 30%左右（Le Quéré et al.，2018）。然而，在现有地球系统模型的模拟中，在未来全球温度持续上升的背景下，陆地生态系统中的碳汇能否持续发挥作用，其作用是增大还是减小，抑或是逐渐消失（变成碳源），这一预测过程还存在极大的不确定性（Friedlingstein et al.，2014）。因此，为了进一步提高地球系统模型的预测精度，消除在预测过程中存在的不确定性，研究者必须通过各种手段深入理解全球碳循环与全球变暖之间的关系，对地球系统模型中相关的关键参数与过程进行校准和验证（Shaver et al.，2000；Bradford et al.，2016）。

从过程上来说，全球变暖主要是由于大气中大量存在的温室气体吸收地面长波辐射，并向外发射逆辐射导致地表和低层大气温度持续上升而产生的，这种增强的辐射通常是通过三种能量方式，即显热、潜热和土壤热通量来影响气候变化（牛书丽等，2007）。反过来，全球碳循环过程对气候变暖的反馈直接调控了释放到大气中的温室气体的组成与数量，这是决定未来气候变暖强度的一个重要因素（Heimann and Reichstein，2008；IPCC，2013）。因此，以研究碳循环与全球变暖之间的反馈关系为主要目标的野外增温控制实验成为学术界研究该热点问题的重要手段之一（Ciais et al.，2013），在近 30 年得到了学术界的高度重视（牛书丽等，2007；Aronson and McNulty，2009）。

---

① 作者：朱彪，吴闻澳，秦文宽，陈迎，冯继广，张秋芳；单位：北京大学

2.2 陆地生态系统野外增温控制实验的基本特征与主要分类

近年来，随着科学技术的不断进步，针对陆地生态系统碳循环对全球变暖响应的研究开始运用不同的增温方式（如温室、开顶箱、红外辐射器、加热电缆等）来模拟全球变暖过程。简单来说，野外增温控制实验就是在野外自然条件下，对一个完整的生态系统的全部或部分（如生产者、消费者、分解者及其非生物环境）进行实验增温模拟，在一定时间尺度上探究生态系统的碳循环或其他过程对增温的响应和反馈。但是，由于条件和技术的限制，实际操作中往往只能对生态系统的主要组分（如植物和土壤）进行一定程度的人工增温。

2.2.1 陆地生态系统野外增温控制实验的基本特征

当前，国内外学者在全球陆地生态系统中开展了大量的野外增温控制实验，然而实验设计、装置和方法存在较大差异，这些差异可能会导致研究者对于陆地生态系统碳循环过程对增温的响应产生片面的认知，增加了获得普遍性认知以及将实验性结论外推至全球尺度的挑战。在当前全球变暖的背景下，通过梳理和比较已有实验方法的优缺点，并总结概括陆地生态系统野外增温控制实验的基本特征，可增强未来实验的合理性和可比性，提高全球变暖对陆地生态系统碳循环影响的模拟与预测精度。本节主要参考近年来发表的包含全球碳循环过程对增温响应的整合分析结果（Xu and Yuan，2017；Song et al.，2019；Chen et al.，2020；Liu et al.，2020），基于增温对象、增温装置、增温幅度和增温年限这4个陆地生态系统野外增温控制实验的基本特征，对当今研究的总体情况进行了总结与阐述。

2.2.1.1 增温对象

在地球的长期发展过程中，不同的生态系统所适应的温度变化范围不一致，同时，对可能受到温度变化影响的其他环境因子（如降水）变化的敏感程度不同，因此，在全球普遍变暖的情景下，不同生态系统碳循环及其他过程的响应程度和方向可能并不一致。Song 等（2019）指出，模拟气候变化的实验在全球的空间分布并不均匀，多数实验是在北半球的美国、欧洲和中国的温带生态系统中进行的。近年来的整合分析结果进一步显示，选择对植物较低矮的生态系统进行增温处理的方法可行性较高，因此多数增温研究的对象是草地生态系统或农田生态系统（Chen et al.，2020；Liu et al.，2020）。在多数生态系统中，碳输入（主要表征为植物碳、凋落物碳、净初级生产力等指标）对增温的响应是正向的，但草地生态系统、苔原生态系统的净初级生产力对增温的响应并不显著（Lu et al.，2013）；碳输出（主要表征为土壤呼吸等指标）对增温的响应在总体上是正向的（Lu et al.，2013；Song et al.，2019）。由于不同生态系统碳输入与碳输出过程对增温的响应程度不一致，特定生态系统的碳平衡随增温的变化可能是正向（Melillo et al.，2017）、负向（Ding et al.，2017）或无变化（Sistla et al.，2013；图2-1）。

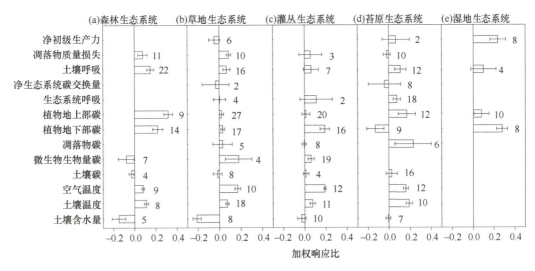

图 2-1　不同生态系统碳循环过程的 13 个相关变量响应全球变暖的加权响应比（Lu et al.，2013）

柱形右侧的数字代表样本量

2.2.1.2　增温装置

增温装置的差异（图 2-2）往往会导致增温幅度的差异，进而影响到陆地生态系统野外增温控制实验的研究结果（图 2-3）；同时，实验装置不同，对生态系统不同组成部

图 2-2　不同的陆地生态系统增温实验装置或技术图

（a）土壤移位（中国西藏自治区，代二战供图）；（b）温室（美国阿拉斯加州，Sistla et al.，2013）；（c）开顶箱（中国青海省，赵红阳供图）；（d）加热电缆（美国马萨诸塞州，https://harvardforest.fas.harvard.edu）；（e）红外辐照器（中国青海省，赵红阳供图）；（f）土壤全剖面增温（中国青海省，秦文宽供图）；（g）全生态系统增温装置（美国明尼苏达州；Hanson et al.，2017）

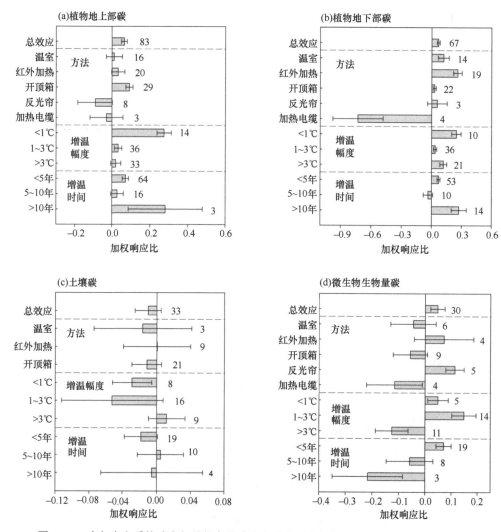

图 2-3　4 个与生态系统碳库相关的变量响应全球变暖的加权响应比（Lu et al.，2013）

柱形右侧的数字代表样本量

分的增温效果也可能存在差异。例如，加热电缆主要对土壤进行增温（见 2.4.2 节），而开顶箱主要对地表空气及植物地上部分进行增温（见 2.3.3 节）。生态系统不同的组成部分接受增温的效果差异可能会导致碳循环过程中某一关键过程（如光合作用、呼吸作用等）发生显著变化，而除此之外的其他过程因受增温影响较小而变化幅度有限，两者综合，最终导致生态系统碳循环整体过程的不一致变化。此外，实验装置差异还可能会影响调控生态系统的其他生物或非生物因素（如开顶箱可能会阻隔部分草食者对增温处理中的生产者的取食行为），进而导致研究者对增温实验结果的有限理解。在未来的研究中，随着技术的进步，一些适用情景有限或干扰较大的方法会被逐渐淘汰，方法学上的差异也会逐渐缩小，这将有利于研究者对野外增温控制实验研究结果的全面认识。

2.2.1.3　增温幅度

根据 IPCC 的第五次评估报告中的预测，在 RCP 8.5（高排放情景，指到 2100 年辐射强迫水平为 8.5 W/m^2）情景下，到 21 世纪末，全球地表平均温度会上升 4℃左右（IPCC，2013），因此许多增温研究将其设定为增温幅度的基准。但是，在学术界注意到全球碳循环过程可能会随全球变暖发生变化以后，由于技术上的不足，早期增温装置对增温幅度的控制是不精准的（牛书丽等，2007）。例如，使用温室或开顶箱进行被动增温（见2.3.2 节与 2.3.3 节）的实验中，增温幅度往往只能达到 1～3℃，且存在很大的波动。而无论是植物、土壤微生物等陆地生态系统碳循环过程的介导者，还是光合作用、呼吸作用等多数与碳循环过程直接相关的过程（即酶促反应过程），都对温度敏感（Davidson and Janssens，2006），因此，增温幅度不仅表征了该野外增温控制实验是否能够作为模拟未来全球变暖背景的基本依据，还是调控生态系统碳循环过程与全球变暖之间的反馈的重要因素。例如，Lu 等（2013）以及 Xu 和 Yuan（2017）的整合分析结果均显示，随增温幅度的增加，土壤碳库对变暖的响应方向可能会发生变化（图 2-3）。因此，不同实证研究的增温幅度差异可能是结果不一致的重要原因之一。在未来的研究中，应尽可能使用能够对生态系统实验性增温进行精准控制的装置（如加热电缆），并尽量依据国际惯例设置增温幅度，或进行梯度性增温研究，以便与全球范围内不同生态系统的研究结果进行整合与比较。

2.2.1.4　增温年限

在学术界开始关注到全球碳循环过程对全球变暖的响应以来，陆地生态系统野外增温控制实验的持续时间逐渐开始受到人们的关注。这是因为随着增温时间的延长，植物群落组成、分布以及物候可能会发生变化，进而导致输入生态系统的碳化合物质量和数量发生变化，生态系统碳收支随之改变，最终影响全球碳循环过程对全球变暖的反馈大小和方向。最近几年发表的包含了增温年限对碳循环过程影响的整合分析结果也发现，短期或长期增温导致的生态系统碳循环过程相关指标（如微生物碳库、植物地下碳库等）的变化大小和方向并不一致（Lu et al.，2013；Xu and Yuan，2017）（图 2-1）。Chen 等（2020）指出，随增温年限的延长，变暖对土壤难分解碳库的影响可能由正向（<5 年）变为负向（>5 年），在调控增温对土壤难分解碳库影响因素的相对重要性排序中，增温年限的对数响应比已经超过 0.8 的阈值，位列第一。Bradford 等指出，长期增温情景下可能会出现土壤有机质分解的热适应，进而无法维持多数短期增温研究所报道的两者之间的正反馈（Bradford，2013；Bradford et al.，2016）；但最近几项实证研究的结果并没有发现这种情况（Pries et al.，2017；Nottingham et al.，2020）。因此，针对陆地生态系统野外增温控制实验的研究仍需要进一步延长增温年限，以获取在更长时间尺度上碳循环过程对全球变暖的反馈，进一步消除相关研究中的不确定性。

2.2.2　陆地生态系统野外增温控制实验的主要分类

根据增温能量来源的差别，生态系统野外增温控制实验技术主要可以分为两类：被动增温技术和主动增温技术。前者不需要电力，通过各种方式或装置（如土壤移位、温室或开顶箱），对生态系统或其中的某一组成部分进行增温。后者需要电力，通过红外辐射器或加热电缆主动释放热量，对生态系统或其中的某一组成部分进行增温。最近几年，在传统的主动增温装置（红外辐射器或加热电缆）的基础上，发展并出现了新一代的全土壤剖面增温技术和全生态系统增温技术。本节将目前国内外常见的各类野外增温控制实验的技术、方法、优点、缺点、适用对象、应用举例进行了汇总和整理（表2-1）。

表 2-1　陆地生态系统野外增温控制实验技术与方法总结

技术	方法	优点	缺点	适用对象	应用举例
被动增温	土壤移位	成本低，易操作，方便多点多重复	小尺度，有扰动，较难应用于森林	植物和表层土壤增温，任何生态系统，特别是草地	Li et al., 2016; Wu et al., 2012
	温室	成本低，适用于偏远无电源地区	小尺度，密闭系统，不能用于森林	植物和表层土壤增温，植物较矮的生态系统、没有电源的地区	Sistla et al., 2013
	开顶箱	成本低，多梯度增温，适用于偏远无电源地区	小尺度，半密闭系统，不能用于森林	植物和表层土壤增温，植物较矮的生态系统、没有电源的地区	Elmendorf et al., 2012; Henry and Molau, 1997; Shi et al., 2017
主动增温	红外辐射器	扰动少，模拟真实情景	成本较高，小尺度，难以加热深层土壤，样地面积较小	植物和表层土壤增温，植物较矮且附近有电源的生态系统	Harte et al., 1995, 2015; Kimball et al., 2008; Kimball and Conley, 2009; Liu et al., 2018; Wan et al., 2009; Wang et al., 2012
	加热电缆	可以用于加热土壤，适用于森林土壤增温	成本较高，小尺度，不能加热空气，且对深层土壤和地上植物增温效果有限，有一定扰动	土壤增温，附近有电源的任何生态系统，特别是森林	Lin et al., 2018; Melillo et al., 2011, 2017
新一代增温实验	全土壤剖面	扰动少，模拟真实土壤增温情景，包括深层土壤	成本较高，尺度较小，不能加热空气	土壤增温，附近有电源的任何生态系统	Hanson et al., 2011; Pries et al., 2017
	全生态系统	扰动少，最接近真实的生态系统增温情景	成本很高，尺度较小，难推广，不能用于森林	全生态系统增温，附近有电源且植物较矮的生态系统	Gill et al., 2017; Hanson et al., 2017; Richardson et al., 2018; Wilson et al., 2016

目前，已有诸多研究者在全球不同陆地生态系统（如森林、草地、苔原、湿地等）采用各种技术（如温室、开顶箱、红外辐射器、土壤加热电缆等）对生态系统进行了原位增温，针对碳循环对气候变暖的响应和反馈开展了长期、系统性的深入研究。然而，由于设计和原理的差别，不同的野外增温控制技术的适用对象并不相同，增温后所研究的生态系统各过程的响应也并不一致。本章2.3～2.5节将基于被动增温、主动增温以及新一代增温实验技术的分类，对不同野外增温装置的技术、方法、优点、缺点、适用对象进行详细的说明，并对基于这些方法完成的重要研究成果进行了阐述，为读者了解陆地生态系统野外增温控制实验的技术与方法提供一定的支持。

2.3　被动增温方法的主要技术及典型案例

自学术界开始关注到全球碳循环过程对全球变暖的响应以来，首先发展起来的第一代陆地生态系统野外增温控制实验技术是被动增温，主要适用于偏远的没有电力供应的地区，如北极或者高山苔原。此类技术的主要优点是操作简单、成本较低、可以有多个重复；主要缺点是样方较小，只适用于植物较矮、容易操控的生态系统，而且只能对生态系统的部分成分进行增温。常见的被动增温技术主要有三种，即土壤移位、温室和开顶箱，但也存在其他的被动增温方式，如利用雪墙进行增温（Plaza et al.，2019）。

2.3.1　土壤移位实验

土壤移位是指将一定体积的原状土壤（包括地上植物），从温度较低的地方（如高海拔或高纬度地区）移到温度较高的地方（如低海拔或低纬度地区）。由于两地气温（和土温）的差别，可以模拟气候变暖对生态系统碳循环过程的影响。需要指出的是，由于海拔梯度或纬度梯度上，其他环境（如降水、太阳辐射、大气 CO_2 分压）或生物要素（如传粉者、草食昆虫）不完全一致，因此测定的两地生态系统过程之间的差异还受到温度之外的其他因素的影响。这种技术适用于植物较矮的生态系统，如苔原和草地。具体操作一般是：挖出完整的土块（包括植物），一部分放回原地（作为干扰对照），一部分移位到温度较高的地方（低海拔或低纬度地区，模拟增温），待其适应一段时间后，监测生态系统过程对增温的响应。实际操作中，需要注意的细节是尽量保持原状土块（包括植物）的完整，降低移位对包括土壤和植物在内的生态系统的干扰，同时体积（包括样方面积和土壤深度）尽量大，能够代表该生态系统的植物和土壤等。

土壤移位技术虽然有一定局限（表 2-1），但由于操作简单，已经有了不少应用（图 2-4）。例如，在美国亚利桑那州建立的梅里安姆山海拔梯度移植实验，该实验建立于 2002 年，对 5 个不同生态系统中以草本为主的区域采集了原状土柱（30 cm 直径×30 cm 深度），并将每个生态系统采集的 40 个样本置于 PVC 管中，一半移至低海拔区域，一半移至高

图 2-4　中国西藏自治区当雄县建立的土壤移位实验（代二战供图）

海拔区域，最终模拟了平均约 3℃的温度变化水平（Wu et al.，2012），目前已有一系列研究结果发表。Wu 等（2012）的研究发现，变暖最初提高了各个生态系统的地上净初级生产力，但 9 年后反应逐渐减弱；变暖改变了植物群落，导致典型的温暖环境物种的入侵和原生环境中生存的物种的丧失，并且这种趋势与植物生产力的下降相关。此外，变暖还加速了土壤氮的周转、增加氮损失，这在一定程度上减弱了碳循环对全球变暖的反馈。Mau 等（2018）在更长的时间尺度上进行了进一步探究，并结合室内培养等方法针对移植后的土壤激发效应变化对增温如何影响土壤有机碳周转过程进行了研究，结果发现，变暖显著改变了不同生态系统的碳库与氮库，进一步影响到土壤激发效应：移植后碳、氮含量提高的土壤其激发效应显著提高，而移植后碳、氮含量下降的土壤其激发效应并无显著变化。

在国内，使用土壤移位技术完成的实验也已经取得了一些研究成果。例如，Li 等（2016）在青藏高原祁连山北坡的高寒草甸，采用原状土壤（100 cm×100 cm×40 cm）移位技术，主要针对 6 种不同植物的物候随温度上升或下降的变化进行了研究，结果发现，变暖（即将高海拔土壤及其上的植物移植至低海拔）会导致植物活动期，特别是生殖期的延长。因此，生殖生长相较于营养生长对温度变化的敏感度更高。这证明，高山生态系统中植物的生殖和营养分配通常是受到低温限制的。另一项实验沿纬度梯度将黑龙江省海伦站与河南省封丘站的农田土壤（140 cm×120 cm×100 cm）进行了移植，使移植前后温度变化了 2~5℃，并通过随后的玉米种植对固氮菌响应变暖的定植与组装过程进行了探究，结果发现，随实验年限的延长，变暖导致土壤固氮菌的多样性持续减少，结构发生变化，共生网络变得更加复杂，优势种之间的竞争关联度越来越高。变暖起到了强大的环境过滤器的作用，增加了确定性群落的聚集。同时，优势固氮菌在随机性上受到定量生态漂移、均匀化扩散和扩散过程的限制。总体来说，气温升高导致优势固氮菌的竞争联合和潜在活性降低，可能对作物的产量和品质造成负面影响（Tang et al.，2021）。

2.3.2　温室增温

温室增温是采用简易温室（如塑料薄膜覆盖），将地面释放的长波辐射部分反射回植物和表层土壤，从而对生态系统进行增温的技术。这与导致全球气候变暖的温室效应原理相似，因此能较好地模拟气候变暖对生态系统的影响。但是，由于温室覆盖将生态系统与外面的环境进行了一定程度的隔离，会影响传粉者、草食者等与植物的交流和互作，而且会对非生物环境（如降水和光照）产生一定的影响，因此温室增温技术研究的是上述因素与温度对生态系统过程的综合影响。此外，基于其基本特征可知，温室不仅可以用于增温处理，而且可以应用于研究其他气候变化因子，如水分变化、光照（强度和光质）和 CO_2 浓度变化等对生态系统的影响（Hungate et al.，1997）。一般来说，温室可以使空气温度提高 1~3℃，具体的温度要根据实验目的和实际情况而定。

温室技术适用于偏远的无电力供应的植物较矮的生态系统，特别是苔原和草地。其中典型的是从 1989 年开始在美国阿拉斯加北极苔原长期生态研究站开展的温室长期生态系统增温实验（图 2-5）。该实验采用温室（2.5 m×5.0 m×1.5 m）进行了长期增温，在每年生长季开始时（积雪融化后），换上新的聚乙烯薄膜，开始增温；生长季结束后，将薄膜去掉，非生长季不增温。Deslippe 等（2011）针对温室增温和施肥处理对北极苔原生态系统中优势种 *Betula nana* 外生菌根（ectomycorrhiza，ECM）的影响进行了研究，结果表明，18 年的变暖导致 ECM 真菌多样性的增加，并且这个过程与具有水解蛋白质能力的真菌分类群的增加显著相关；此外，变暖还导致对速效氮高亲和的真菌分类群的显著下降。总体来说，变暖会导致 ECM 真菌群落组成的变化，从而增强对土壤有机质的分解，并可能通过规模更大的真菌网络来增加 *B. nana* 个体之间的连通性，增加其氮获取能力，进而促进其在生态系统中的扩张。

图 2-5　美国阿拉斯加北极苔原长期生态研究站的温室增温装置（Sistla et al.，2013）

Sistla 等（2013）基于此实验平台研究还发现，温度升高使得冻层土壤融化的深度增加，导致浅根性植物被深根性植物所替代，植物生物量显著提高，灌木成为所研究的苔原生态系统的优势种群。同时，温室的存在也间接使得冬季土壤温度升高，使各个土层的营养结构均一化，并抑制了表层土壤微生物的分解活性。但变暖却并没有改变土壤总碳或氮储量，而综合生态系统净初级生产力对变暖具有正反馈，净生态系统碳储量在长期变暖下增加。作者进一步分析认为，这是由一个复杂的反馈过程决定的：在冬季，由于灌木植被可以截留更多降雪，变暖使积雪融化，有利于微生物生长，促进了土壤碳分解和植物生长；而在夏季，灌木会产生树荫，可减少土壤表层的分解活动；此外，增温效应最明显的是在矿质土层（10～17 cm 深度），增温使得深层碳储量增加，这可能是由于温度上升促使根系生长、刺激根系生理活动，使得富含碳的根系分泌物和渗滤液进入地下矿质土层，大量的碳被固定而表现出碳储量的增加。

2.3.3　开顶箱增温

开顶箱（open-top chamber，OTC）增温是采用开顶式的各种材料（塑料、纤维板、玻璃等）和形状（六边形、圆形等）制作而成的箱子，将地面释放的长波辐射部分反射回植物和表层土壤，从而对生态系统进行增温的技术。和温室相似，开顶箱技术也对生态系统与外面的环境进行了一定程度的隔离，会影响温度之外的其他环境（如土壤水分）和生物（如传粉者和草食者）因素。由于材料、形状和高度等差别，不同开顶箱（包括内部不同位置）的增温效果有差别，对其他因素的影响程度也不一样。在分析生态系统过程对增温的响应和反馈时，这些间接影响应该考虑在内。此外需要注意的是，通过控制开顶箱的特征（如高度、直径、角度等），可以控制增温的强度，研究不同增温幅度对生态系统过程的影响（朱军涛，2016；Shi et al.，2017）。开顶箱技术一般可以使得所研究的生态系统温度升高 1～3℃，如果利用电源加热，补充热空气进入开顶箱，可以达到更均匀和更好的增温效果（Norby et al.，1997）。

开顶箱技术也适用于偏远的无电力供应的植物较矮的生态系统，特别是苔原和草地。开顶箱技术在国际上的典型应用是国际苔原实验（International Tundra Experiment，ITEX）网络（图 2-6）：该网络采用统一的方案，基于开顶箱技术，研究全球多个苔原生态系统对增温（夏季气温增加 1～3℃）的响应（Henry and Molau，1997），目前已有多项研究成果发表，并仍在不断发展之中。Elmendorf 等（2012）研究发现，增温对苔原植物群落的影响取决于当地的气候条件和增温时间：在温度较高的地区增温导致灌木增加，而在温度较低的地区增温导致禾草类植物增加，且这种变化随增温时间的延长没有饱和的迹象。Geml 等（2021）基于 Toolik 湖区的 ITEX 样点采集的不同冻土带的土壤样品完成的对真菌群落随夏季变暖和冬季积雪深度变化的研究表明，较干和较湿润的冻土带土壤中真菌群落组成存在很大差异，在较湿润的冻土带中，由于土壤一般富含水分，常年保持低温，温度的季节性波动较小，因此相较于较干燥的冻土带，其中生活的真菌群落具有更窄的适宜温度范围，因此对夏季变暖更加敏感，变暖会导致其群落组成发生显著变化；而较干燥的冻土带中生活的真菌群落常年受到夏季含水量变化与冬季低温的限制，因此夏季变暖和冬季积雪深度增加都会对其群落组成产生显著影响，但后者的影响更大。

图 2-6　OTC 增温装置

（a）国际苔原实验网络的 OTC 增温装置（引自 https://www.gvsu.edu/itex/）；（b）青海海北高寒草地生态系统国家野外科学观测研究站的 OTC 增温装置（赵红阳供图）

此外，有学者基于 ITEX 网络的 OTC 设计进行了改装，将其抬高至距离地面 100.5 cm以上，并在其下加装垂直于地面的 6 块聚碳酸酯透明板，使得整个 OTC 的高度增加至157.1 cm（Welshofer et al.，2018）（图 2-7）。同时，鉴于 OTC 的短板可阻隔大部分草食者与生产者之间的交互作用，在该装置中距离地面 10 cm 的高度没有安装聚碳酸酯透明板，以允许小型草食者的迁移。基于以上改装手段，改装后的 OTC 增温装置将不再局限于对草地生态系统等低矮的生态系统进行变暖处理，可以适用于高达 1.5 m 的植物群落的被动增温。Welshofer 等（2018）进一步使用此装置对美国密歇根州南部的弃耕农田和北部砍伐后的森林的两个演替植物群落进行了一年的增温研究，发现两个地点的日均温平均升高了 1.8℃，OTC 没有改变北部研究点的平均土壤温度和湿度，而降低了南部研究点的平均土壤温度和湿度，且增加了两个地点土壤冻融周期的变异性，这可能会引起微生物周转的加速从而导致土壤中速效氮磷的增加，进一步引起植物的反应。

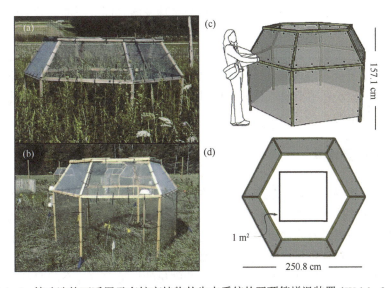

图 2-7　Welshofer 等改造的可适用于有较高植物的生态系统的开顶箱增温装置（Welshofer et al.，2018）
（a）美国密歇根州弃耕农田自然演替植物群落的开顶箱增温装置；（b）美国密歇根州森林砍伐后自然演替植物群落的开顶箱增温装置；（c）改造后的开顶箱的透视图；（d）改造后的开顶箱的俯视图

在中国青藏高原，美国加利福尼亚大学与中国科学院西北高原生物研究所合作，采用开顶箱技术开展了国内第一个自然生态系统的野外增温控制实验（图 2-6b）。研究发现，16 年（1997～2013 年）增温使得气温平均增加了 1.5℃左右，表层 10 cm 的土壤温度平均增加了 1.0℃左右，但高寒草甸和高寒灌丛生态系统的土壤碳储量并没有显著变化。长期增温改变了植物地下根系的垂直分布格局，根系生物量分配向深层土壤转移，在表层土壤分布减少。长期增温下两种植物群落浅层根系碳含量无显著变化，但较深层根系碳含量响应有差异：矮生嵩草草甸深层（10～30 cm）根系碳含量增加，金露梅灌丛深层（20～30 cm）根系碳含量减少。这有可能影响深层土壤的碳氮水循环（余欣超等，2015）。Wang 等（2017）在青藏高原东部的一个高寒草地生态系统完成的 OTC 增温实验使得增温处理下气温升高约 3℃，0～10 cm、10～20 cm、20～30 cm 的土壤温度分别升高约 0.31℃、0.57℃和 0.30℃，结果发现，变暖提高了表层土壤（0～10 cm）根系的周转率，但降低了较深层根系（10～20 cm）的周转率，并增加了其产量，表明变暖使得植物地下碳分配向更深层转移，其内在的驱动机制可能是与变暖伴随发生的土壤含水量的变化,这使得植物根系的主导地位由所处环境中含水量大幅变化的表层根系逐渐转移至所处环境中含水量波动较小的深层根系。而植物根系的变化进一步改变了不同土层中植物来源底物的质量与数量,进而引起了微生物周转和群落组成的变化,导致土壤有机碳周转的变化。

2.4 主动增温方法的主要技术及典型案例

随着实验技术的进一步发展,第二代野外增温控制实验技术——主动增温技术逐渐成为研究者进一步精准理解生态系统碳循环与全球变暖之间关系的有效手段。主动增温技术主要是用在有电力供应的生态系统,采用悬挂在植物上方的红外灯管或埋入土壤中的加热电缆,对生态系统进行原位增温。这类技术的主要优点是可以控制增温幅度,能够实现对生态系统或其组成部分进行实验性增温的精准控制,增温效果较好,且对生态系统的扰动相对较小;主要缺点是成本相对较高,且要求生态系统附近必须存在可以持续不间断供电的电源设备。

2.4.1 红外辐射器增温

红外辐射器增温是通过悬挂在样地上方、可以发出红外辐射的灯管来对生态系统进行增温的技术。该技术可以较为精准地模拟由温室效应导致气候变暖的机制,即增强向下红外辐射。红外辐射器的优点是从植物冠层上面加热,能够在植被层保持自然的温度梯度,非破坏性地传递能量,而且不改变微环境。但是,红外辐射器不直接加热空气,不能模拟气候变暖的对流加热效应,对于比较密集的植被层可能会削弱对土壤的增温,所能覆盖的面积与高度有限(牛书丽等,2007)。因此,红外辐射器增温技术主要适用于有电力供应的植物较矮的生态系统,如草地、农田和湿地等。需要指出的是,针对红外辐射器增温技术,如果采用恒定功率输出,则增温效果受到植被特征和气象条件的影响(Harte et al.,1995);如果结合实测温度和反馈系统,则可以精确控制增温的效果(Kimball et al.,2008)。具体采用哪种系统,要视研究的具体目标和预算而定。

自1990年以来,红外辐射器增温技术在全球各地的草地、农田和湿地等生态系统得到广泛的应用。Harte等(1995)在美国洛基山的亚高山草甸进行的增温实验是最早采用这种技术的实验。自1991年起,该实验在5个10 m长、3 m宽的样方中使用功率密度为15 W/m²(1993年6月后为22 W/m²)、悬挂在地面以上2.5 m高度的红外辐射器(160 cm长,12 cm宽)对生态系统进行增温处理,可以使生长季土壤(0~15 cm)温度平均增加约2.0℃,土壤含水量降低10%~20%,并导致积雪融化期提前两周。基于该实验的结果表明,增温样地的土壤有机碳含量初期(5~6年)显著降低,但之后变化不大,而对照样地的土壤有机碳含量在近20年有持续下降趋势(Harte et al.,2015)。

目前的研究认为,森林在当今仍是全球碳循环的碳汇,其固碳潜力在全球变暖的背景下会发生何种改变,仍需要进一步的实证研究结果的支持(Griscom et al.,2017)。但是，由于森林生态系统植物较为高大，且气象条件复杂，因此使用红外辐射器技术进行实验性增温相对较为困难（牛书丽等，2007；Cavaleri et al.，2015）。Kimball 等（2015）对红外辐射器增温技术的原理做了深入分析，并针对不同的生态系统做了改进和调整（Kimball et al.，2008；Kimball and Conley，2009），使得红外辐射器增温技术也开始被应用到森林生态系统的林下植物和土壤增温（Kimball et al.，2018）（图 2-8a）。

图 2-8　红外辐射器增温装置（赵红阳供图）
（a）美国农业部森林服务部萨巴纳野外实验站的林下植物与土壤红外辐射器增温装置；（b）青海海北高寒草地生态系统国家野外科学观测研究站的红外辐射器增温与降水控制装置

在我国，红外辐射器增温技术也得到了广泛的应用。例如，在北方温带草原，Wan 等（2009）较早地采用该技术研究了增温（和其他全球变化因子）对温带草地生态过程的影响，该平台建立于 2011 年，在地面上方 1.6 m 处架设了红外辐射器进行全年增温（图 2-8b）。相对于对照处理，增温处理使得表层土壤温度平均上升 1.5～1.8℃，并使得土壤含水量下降了 12%。自平台建立以来，已有一系列研究结果发表。例如，Liu 等（2018）的研究指出，在此平台运作 4 年后，增温改变了青藏高原高寒草地生态系统的植物群落组成，主要表现为禾本科植物占比增加，而莎草科和其他杂草的占比显著下降；植物群落组成的变化相对来说稳定了生态系统净初级生产力（NPP），因此在 4 年内地上、地下净初级生产力均无显著变化。Zhu 等（2021）对不同土层土壤进行采样与培养后发现，与对照相比，5 年的增温和干旱处理显著抑制了底层土壤（30～40 cm）中有机氮水解酶的活性，降低了无机氮素的可利用性，从而增强了微生物氮限制。此外，增温和干旱处理抑制了底层土壤微生物对土壤有机碳及植物凋落物的矿化能力，并且降低了微生物碳利用效率和残体积累效率。然而，以上变化在表层土壤（0～10 cm）中均未发生。由于增温提高了该地区高寒草地的地下生产力，因此增加的植物根系输入和减弱的微生物活性都有利于底层土壤碳库积累。基于该平台的另一项研究也表明，增温引起的植物向深层生长增加了新碳向底层土壤中的输入，提高了底层土壤中脂类、糖类的含量，激活了底层土壤微生物对大团聚体中木质素的降解，但同时也增加了新碳在底层黏粉粒组分中的积累，进而补偿木质素加速降解所引起的碳损失。因此，高寒草地生态系统底层土壤对增温的响应比表层土壤更加强烈，而且由植物根系驱动的新碳积累可能增加底层土壤稳定碳库的长期固持（Jia et al.，2019）。

2.4.2 土壤加热电缆增温

土壤加热电缆增温是在土壤表层埋设加热电缆，通电之后对土壤进行主动增温的技术。这种增温方式兴起于 20 世纪 90 年代，得益于早期农业和室内草坪中土壤加热管道的启示。早期加热电缆主要布设在地表，后随着研究目的和样地情况的需要，也将其埋没在土壤中（Aronson and McNulty，2009）。采用后者的增温技术实验居多，因此本节主要介绍将加热电缆运用到土壤中进行增温的情形。埋地电缆可以通过土壤温度测定和电路程序控制得到一个稳定可控的温度差，且不像温室或开顶箱那样引起微气候环境的改变。尽管这种装置需要电力，在没有电力设施的地方受到限制，且对土壤有一定的扰动，但它是目前研究气候变暖影响森林生态系统（特别是土壤生态过程）的可行手段（牛书丽等，2007）。

这种技术主要应用在森林生态系统表层土壤增温，典型的实验是 1991 年开始的美国哈佛森林土壤增温实验。Peterjohn 等（1993）在 6 m 长、6 m 宽的样地中于土表下 10 cm 深度铺设了加热电缆（6 m 长，间距 20 cm，重复 6 个），对土壤增温 5℃，研究了温带落叶阔叶林的生态过程对气候变暖的响应（图 2-9a）。随后，一系列研究结果被报道。Melillo 等（2017）综合前期的研究结果，针对土壤呼吸随增温的变化进行了阐述，结果表明，随增温年限的延长，土壤呼吸是分阶段变化的：第一阶段，由于温度上升刺激微生物代谢和生长，微生物活性增加，迅速消耗土壤中易分解的不稳定碳库，导致土壤呼吸的增加。第二阶段，随不稳定碳库的耗竭，微生物群落发生重组，革兰氏阳性菌和放线菌增加（Frey et al.，2008），底物利用偏好由不稳定碳源逐渐转变为难分解碳源，这一阶段增温处理的土壤呼吸与对照组无显著差异。第三阶段，由于微生物群落中可以利用难分解底物的微生物占比增加，微生物对难分解碳源的利用增加，导致土壤呼吸的又一次增加。例如，基于此平台的其他研究发现，增温导致可以利用木质素的微生物的增加，土壤中木质素降解酶大幅增加（Pold et al.，2015），进而引起土壤中木质素含量的下降（Pold et al.，2017）。第四阶段，增温处理下土壤呼吸与对照处理之间似乎不存在显著差异，作者推测可能是微生物群落又一次开始重组，但因实验时间尚短，故并未有确切的证据。总体来说，基于使用加热电缆的增温实验结果，作者推测，到 21 世纪末，森林表层土壤因全球变暖所导致的碳损失将高达 190 Pg。另外，为了包括更多的树木，测定更多生态系统尺度的碳氮循环过程，Melillo 等（2011）于 2001 年建立了一个 30 m×30 m 的大样方（由于资金限制，只有 1 个重复），采用完全一样的设计，研究了增温对土壤碳氮循环和森林生产力的影响，结果表明，尽管 7 年土壤增温会导致土壤呼吸增加，但是由于植物碳库的增加，每年的生态系统净碳损失会随着增温年限的增加而降低。一项在瑞典北部的挪威云杉林中使用加热电缆完成的长达 20 年的增温实验结果也显示，增温导致的生态系统碳流失并不是一个长期存在的效应，可能因为植物生产力的正反馈而产生碳的净固存（Lim et al.，2019）。目前基于加热电缆方法完成的研究结果是不一致的，出现这种情况的重要原因之一是加热电缆对深层土壤碳库的作用效果有限，因此无法完全表征整个生态系统对全球变暖的反应。

近期，国内使用加热电缆进行的森林生态系统增温实验对土壤碳库如何响应增温的变化进行了初步的探究。例如，福建师范大学依托福建三明森林生态系统与全球变化国家野外科学观测研究站进行的亚热带森林加热电缆增温实验发表了一系列研究结果（图 2-9b）。该平台于 2013 年开始样地建设，在 6 m 长、6 m 宽的样地中于土表下 10 cm 平行铺设加热电缆（直径 6.5 mm，230 V 电压下输出 17 W/m^2，间距 20 cm），并在最外围环绕一圈，保证样地增温的均匀性（Zhang et al., 2017）。2014 年 3 月，在电缆布设完成 5 个月后开始通电，昼夜不间断保持增温 4℃。基于该平台，Li 等（2018）对 0～10 cm 的表层土壤响应增温的变化进行了探究，结果发现，增温导致不稳定碳库的分解加速，对难分解碳库有一定的促进作用，但不显著；Lin 等（2018）进一步研究了增温如何影响不同土壤深度的 CO_2 排放。结果发现，增温下表层土壤（0～15 cm）的 CO_2 产生量略有下降，而深层土壤（15～60 cm）的 CO_2 产生量大幅上升，最终导致土壤呼吸增加了 40%。增温可以直接导致或通过降低土壤含水量等间接作用导致植物根系向深层土壤的延伸增加，并增大细根的周转率（Xiong et al., 2018），这些过程为深层土壤提供了更多的新鲜有机质输入与营养供应，刺激了深层土壤微生物的活性，导致深层土壤 CO_2 释放的增加。

图 2-9　土壤加热电缆增温

（a）美国哈佛森林进行的土壤加热电缆增温实验（引自 https://harvardforest.fas.harvard.edu）；（b）福建三明森林生态系统与全球变化国家野外科学观测研究站进行的亚热带森林加热电缆增温实验（引自 https://geo.fjnu.edu.cn）

　　红外辐射器和土壤加热电缆两种增温技术也可以结合使用，可以对植物和土壤（表层）进行相对均匀的增温（图 2-10）。例如，在美国明尼苏达州，Rich 等（2015）采用地上悬挂红外灯管（1.6 m 高、8 个等距的陶瓷加热器与地面呈 45°角）和地下 10 cm 土壤埋设加热电缆，对林下植物和土壤进行了两个不同梯度（1.7℃和 3.4℃）的增温处理，研究了气候变暖对温带-寒温带过渡区落叶阔叶林的林下幼苗光合作用和其他碳循环过程的影响，发现增温对树木光合作用的影响与土壤水分状态有密切的关系。一般而言，在低温地区，温度升高会促进植物的光合作用等生理过程，然而，全球变暖会引起土壤水分的下降，这严重限制了植物的生长。因此，水分限制会导致寒冷地区生态系统净初级生产力对全球变暖的积极响应降低或消失（Reich et al., 2018）。

图 2-10　使用不同增温方法对森林生态系统进行综合增温实验（Rich et al., 2015）
（a）加热电缆对表层土壤进行增温；（b）红外辐射器对植物进行增温

2.5　新一代增温实验的主要技术及典型案例

在 20 多年的发展基础上，最近几年生态系统尺度的野外增温控制实验技术也出现了两种新一代的技术，即对全土壤剖面（0～1 m 甚至 0～3 m 深）进行增温的全土壤剖面增温技术（Hanson et al., 2011；Pries et al., 2017），以及对包括地上空气、植物和地下全部土壤剖面进行增温的全生态系统增温技术（Hanson et al., 2017；Richardson et al., 2018）。这两种新一代的生态系统尺度的增温技术，如果在全球各地同步开展有协调的联网实验（Fraser et al., 2013），将极大地推动陆地生态系统碳循环与气候变化反馈的研究（Torn et al., 2015）。

2.5.1　全土壤剖面增温

基于气候模型预测，深层土壤和表层土壤的未来增温程度相似（Pries et al., 2018），因此，气候变暖下深层土壤对生态系统碳循环的贡献越来越受到重视（Rumpel and Kögel-Knabner, 2011；Gross and Harrison, 2019；Luo et al., 2020）。一些研究利用电缆对 0～1 m 甚至 0～3 m 深的土壤剖面进行增温，具体而言，全土壤剖面增温是在圆形样方的四周，垂直埋入多根（一般 20～24 根，视样方大小而定）加热电缆，对全部土壤剖面进行均匀增温的技术。该技术在 2009 年首次应用于温带落叶阔叶林的增温预实验（Hanson et al., 2011），1 个重复，样方直径是 3.0 m，在 3.5 m 直径（包括缓冲区 50 cm）的圆周，均匀地将 24 根铁管和电缆垂直埋入地下 0～3 m，通过测定不同深度的土壤温度和程序反馈控制，对整个土壤剖面（0～2 m）增温 4℃。目前，国际上已有五六个团队在全球不同的生态系统，采用该技术研究土壤碳循环（特别是深层土壤）对增温的响应和反馈，并联合发起了国际土壤实验网络（Torn et al., 2015）。

应用该技术初步成功后，2013 年开始在美国加利福尼亚州针叶林生态系统进行了有重复的全土壤剖面增温实验（Pries et al., 2017），对原技术的细节做了微调。该增温平台使用了 22 根铁管和电缆，埋入地下 2.4 m 深度，为了弥补表层土壤的热损失，在 1 m

和 2 m 直径的样方四周，于 5 cm 土壤深度水平埋入了两圈加热电缆。开始运行后，该平台可以稳定对 10～100 cm 的土壤均匀地增温 4℃，表层 0～10 cm 的增温效果较弱（2～3℃）。基于该全土壤剖面增温平台已有多项研究成果发表。Pries 等（2017）发表的研究结果显示，温度升高 4℃ 刺激了不同深度的土壤呼吸，而且这种影响在不同深度之间没有显著差别，这导致每年土壤呼吸增加 34%～37%。此外，由于深层土壤存在大量难分解有机质，以往的理论预测深层土壤有机质对增温的抵抗性更强。然而作者却发现不同深度土壤有机质的 Q_{10}（土壤有机质分解的温度敏感性）没有显著的深度差异，说明深层土壤有机质对增温也很敏感。深层土壤相对于表层土壤来说，其有机质分解并不存在对增温的惰性；在全剖面土壤呼吸中，底层土壤（>30 cm）占比高达 20%～25%。总体来说，相比传统的只对表层土壤增温的实验结果，这种包含了深层土壤的全土壤剖面增温处理会引起更多的土壤碳排放（Pries et al.，2017）。Soong 等（2021）的进一步分析显示，增温导致深层土壤微生物活性的增加和有机质分解的增强，同时，由于冬季降雪的融化，大量可溶性有机碳（DOC）渗入深层土壤，缓解了其碳限制，进一步加强了深层土壤的 CO_2 外排。作者还发现，在增温 5 年后，深层土壤碳储量显著下降，且在 60 cm 以下的土壤碳库中不稳定碳库的比例进一步提高，表明在未来持续变暖的条件下，深层土壤碳损失将进一步增加（Soong et al.，2021）。同样基于该平台的另一项研究从微生物方面对表层和深层土壤响应增温的机制差异进行了更深入的探究。结果显示，在整个土壤剖面上，特别是在深层土壤中，系统发育不同的微生物可以利用复杂的土壤有机质，从而缓解变暖所导致的资源可用性的变化对微生物生长代谢的不利影响。而与表层土壤相比，深层土壤微生物的碳利用效率低 20%，生长速率低 47%，这表明，深层土壤微生物对变暖的反应可能存在一定的滞后性，随增温年限的延长，深层土壤微生物呼吸可能会持续增加，但微生物群落组成不会发生剧烈变化（Dove et al.，2021）。Nottingham 等（2020）在巴拿马巴罗科罗拉多岛热带森林土壤的实验使用了 8 根 1.2 m 的加热棒与加热电缆对土壤进行了 4℃ 全剖面增温，其结果也显示，两年的变暖使得土壤 CO_2 外排增加了 55%，且主要来源于异养呼吸。此外，作者也指出，没有证据表明在增温期间土壤呼吸发生了适应，酶的温度敏感性和微生物的碳利用效率也没有变化，因此热带森林生态系统的土壤有机碳周转对气候变暖是高度敏感的，会持续产生正反馈而导致土壤碳的流失，据估算，每年的碳损失量可达 820 t 左右。

　　当预算受限的时候，可以对该技术做些改变，对较小体积的土壤进行全剖面增温。例如，对加利福尼亚州草地生态系统，通过在中心位置垂直埋入一根加热电缆，可以使野外的完整土柱（38 cm 直径、42 cm 深）相对均匀地增温 4℃，研究土壤碳循环对增温的响应——包括 CO_2 释放和可溶性有机碳（DOC）淋溶（Castanha et al.，2018）。结果表明，在这个草地生态系统中，变暖对植物凋落物和土壤有机质分解的影响更多是通过调控土壤水分而间接产生的。在国内，也有一些团队开始关注基于全土壤剖面增温技术的相关研究。例如，北京大学采用该技术，依托青海海北高寒草地生态系统国家野外科学观测研究站建立的高寒草地生态系统全土壤剖面增温实验平台，主要用于探究高寒草甸生态系统碳循环对全土壤剖面（0～100 cm）增温 4℃ 的响应（图 2-11）。

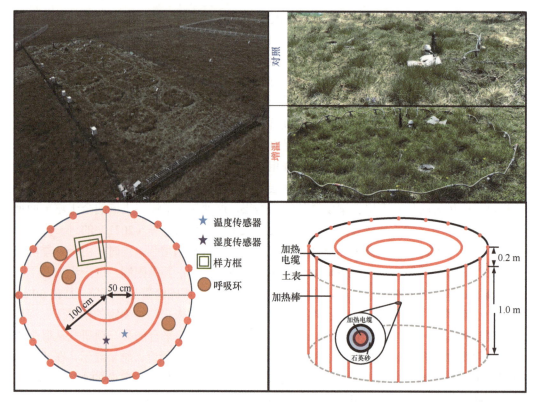

图 2-11 青海海北高寒草地生态系统国家野外科学观测研究站建立的高寒草地生态系统全土壤剖面增温实验平台

2.5.2 全生态系统增温

全生态系统增温是对包括地上植物和地下全部土壤在内的全生态系统进行增温的技术。由于早期的被动或主动增温技术均有各种不足（表 2-1），不能对整个生态系统进行全组分增温，因此美国能源部资助 Paul Hanson 领导的团队，在早期预实验（Hanson et al.，2011）的基础上，自 2015 年开始在明尼苏达州开展了探究黑云杉（*Picea mariana*）林-泥炭地生态系统对环境变化响应的野外大型控制实验（spruce and peatland responses under changing environments，SPRUCE），该实验设置了 5 个温度梯度和 2 个 CO_2 浓度梯度（Hanson et al.，2017）。SPRUCE 实验的样方直径为 12 m，采用高度为 8 m 的开顶箱和热空气对地上植物及空气增温，并采用 3 圈电缆（半径分别为 5.42 m、4.00 m、2.00 m，数量分别为 48 根、12 根、6 根）垂直埋入 0～3 m 土壤（泥炭），对地下全土壤剖面进行增温。根据不同深度土壤温度的测定数据和计算机程序反馈控制电缆及热空气，可以对整个生态系统进行不同梯度（对照，增温 0℃、2.25℃、4.50℃、6.75℃、9.00℃）的增温处理（图 2-12）。

图 2-12 美国明尼苏达州泥炭森林全生态系统增温实验（Hanson et al.，2017）

图中 Ambient 代表无任何处理的对照组；0℃代表安装了增温装置但设置增温幅度为 0℃的处理。两组处理排除了增温装置引起的系统误差

　　SPRUCE 实验系统自 2015 年开始运行以来，取得了较为良好的效果（Hanson et al.，2017）。例如，全生态系统增温导致木本植物的春季展叶期提前，秋季落叶期推迟，且这种变化随增温幅度呈现线性变化趋势，表明光周期对该生态系统木本植物的物候期没有显著影响；但随着气候变化逐渐超过历史变异范围，植物对极端环境变化的耐受度会下降。例如，在该实验中监测到的一次严重的春季霜冻事件导致了植物组织的大量坏死，这表明长期变暖还会导致植物对低温胁迫的敏感性和抵抗力下降（Richardson et al.，2018）。Wilson 等（2016）和 Gill 等（2017）的研究均表明，SPRUCE 的增温处理可以影响到泥炭地地下 2 m 深度，导致 CH_4 和 CO_2 排放显著增加，而且 CH_4 排放对温度增加更加敏感；同时，放射性同位素分析的结果显示，这些温室气体的主要来源是最近新输入地下的光合产物，而非泥炭地原有土壤有机质的分解作用。因此，在现阶段，泥炭地的土壤原有有机质周转过程在变暖条件下似乎仍能维持稳定。但作者也指出，随着增温年限的延长，地下水位变化、无机营养供应增加等一系列因素产生变化，将最终导致深层土壤有机碳分解的加速（Gill et al.，2017）。

　　全生态系统增温技术相对来说成本较高，操作起来较复杂，但是全生态系统增温能对生态系统全部组分进行增温，最接近真实增温情景，因此是目前最先进、最前沿的生态系统尺度的野外增温控制实验技术。利用全生态系统增温技术对生态系统进行增温实验，能够更加准确地了解陆地生态系统碳循环过程对增温的响应和适应，因此建议国家科研管理部门对该技术重点资助，特别是在碳储量较高、对气候变化比较敏感、研究基础较薄弱的生态系统，如高寒草地、泥炭地或湿地等。

2.5.3 野外增温联网实验

在 20 世纪末，生态学研究由观察研究开始转向更侧重于假设检验与理论发展的单点受控实验（Borer et al.，2014；Fraser et al.，2013）。以单个陆地生态系统为研究对象的野外增温控制实验可操作性强、可控性高，易于解释生态学现象，但对结论的外推则需要更多的验证（Stokstad，2011）；虽然过程模型等方法可以对单点实验结果进行一定的补充，但同样会面临诸如因果推论困难、实际意义缺失等问题（Borer et al.，2014）。整合分析作为对同类型单点野外增温控制实验结果的有效汇总方式，虽然可以在一定程度上得到全球的分布趋势（Harrison，2011），但由于研究者无法完全掌握所有实验的技术细节（Fraser et al.，2013），且在文献选取上存在主观判断（Borer et al.，2014；Stokstad，2011），因此在全球变化背景下对研究结论的综合解释力度不够（Borer et al.，2014）。

虽然目前已经开展了大量的野外增温控制实验，但是由于不同的增温实验采用不同的增温方式，而且增温方式可能会影响陆地生态系统过程对增温的响应（Lu et al.，2013；Chen et al.，2015），因此不同野外增温控制实验的研究结果之间不具可比性。目前仍迫切需要在多个地点、多个生态系统，采用统一、协调的方法和技术，进行联网实验（Luo et al.，2011；Fraser et al.，2013）。最近 10 年，国际上已经针对降水变化和养分变化开展了全球联网实验，并且取得了一大批高水平的研究成果（Knapp et al.，2015；Harpole et al.，2016）。因此，未来的一个重要研究前沿，是采用统一的技术，特别是新一代的全土壤剖面增温和全生态系统增温技术，开展全国甚至全球尺度的联网实验（Torn et al.，2015）。这些实验的开展将极大地推动陆地生态系统碳循环响应气候变化的研究，为深入了解生态过程，特别是深层土壤过程、植物-土壤-微生物互作过程，显著提高碳循环模型的预测可靠性提供实测数据。

2.6 总结与展望

生态系统尺度的野外增温控制实验已经有了 30 年左右的积累，从早期的被动增温技术发展到主动增温技术，再到最近几年兴起的全土壤剖面增温和全生态系统增温技术。这些技术已被应用在全球多个生态系统，显著促进了陆地生态系统碳循环对气候变化响应和反馈的研究。然而，现有的增温实验研究还存在不足，例如，样点分布不均，对土壤碳密度较大的苔原、湿地和泥炭地以及植被碳储量较高的热带雨林的研究尤其偏少，在除北美、欧洲和东亚之外的其他地区也很少；长期模拟增温实验，特别是超过 10 年的长期实验较少；囊括多个地点，统一实验技术的联网实验也相对不足。同时，野外增温控制实验本身也存在缺陷，即其带来的瞬间增温不能很好地反映全球未来的缓慢增温过程。因此，今后的研究除了继续采用已有的被动和主动增温技术，维持已有的长期实验，还应该在研究薄弱的生态系统和研究地点（如高寒草地和苔原、泥炭地和湿地、亚热带常绿阔叶林和热带雨林等），采用新一代的技术手段（特别是全土壤剖面增温和全生态系统增温技术），针对以往研究相对薄弱的生态学过程（如深层土壤碳循环、植物-土壤-微生物互作等）进行长期联网实验，从而更好地研究陆地生态系统碳循环等生态过程对气候变暖的响应和反馈。这些新一代的生态系统尺度野外增温联网控制实验，将极大地推动陆地生态系统碳循环对气候变化响应和反馈的研究。

参 考 文 献

贺金生, 王政权, 方精云. 2004. 全球变化学的地下生态学: 问题与展望. 科学通报, 13: 1226-1233.

牛书丽, 韩兴国, 马克平, 等. 2007. 全球变暖与陆地生态系统研究中的野外增温装置. 植物生态学报, 31(2): 262-271.

余欣超, 姚步青, 周华坤, 等. 2015. 青藏高原两种高寒草甸地下生物量及其碳分配对长期增温的响应差异. 科学通报, 60(4): 379-388.

朱军涛. 2016. 实验增温对藏北高寒草甸植物繁殖物候的影响. 植物生态学报, 40(10): 1028-1036.

Aronson E L, McNulty S G. 2009. Appropriate experimental ecosystem warming methods by ecosystem, objective, practicality. Agricultural and Forest Meteorology, 149: 1791-1799.

Borer E T, Harpole W S, Adler P B, et al. 2014. Finding generality in ecology: a model for globally distributed experiments. Methods in Ecology and Evolution, 5: 65-73.

Bradford M A. 2013. Thermal adaptation of decomposer communities in warming soils. Frontiers in Microbiology, 4: 333.

Bradford M A, Wieder W R, Bonan G B, et al. 2016. Managing uncertainty in soil carbon feedbacks to climate change. Nature Climate Change, 6: 751-758.

Castanha C, Zhu B, Pries C E H, et al. 2018. The effects of heating, rhizosphere, depth on root litter decomposition are mediated by soil moisture. Biogeochemistry, 137: 267-279.

Cavaleri M A, Reed S C, Smith W K, et al. 2015. Urgent need for warming experiments in tropical forests. Global Change Biology, 21: 2111-2121.

Chen J, Elsgaard L, van Groenigen K J, et al. 2020. Soil carbon loss with warming: new evidence from carbon-degrading enzymes. Global Change Biology, 26: 1944-1952.

Chen J, Luo Y Q, Xia J Y, et al. 2015. Stronger warming effects on microbial abundances in colder regions. Scientific Reports, 5: 18032.

Ciais P, Sabine C, Bala G, et al. 2013. Carbon and other biogeochemical cycles // Stocker T F, Qin D, Plattner G K, et al. Climate Change 2013: The Physical Science Basis. Cambridge: Cambridge University Press.

Davidson E A, Janssens I A. 2006. Temperature sensitivity of soil carbon decomposition and feedbacks to climate change. Nature, 440: 165-173.

Deslippe J R, Hartmann M, Mohn W W, et al. 2011. Long-term experimental manipulation of climate alters the ectomycorrhizal community of *Betula nana* in Arctic tundra. Global Change Biology, 17: 1625-1636.

Ding J Z, Chen L Y, Ji C J, et al. 2017. Decadal soil carbon accumulation across Tibetan permafrost regions. Nature Geoscience, 10: 420-424.

Dove N C, Torn M S, Hart S C, et al. 2021. Metabolic capabilities mute positive response to direct and indirect impacts of warming throughout the soil profile. Nature Communications, 12: 2089.

Elmendorf S C, Henry G H R, Hollister R D, et al. 2012. Global assessment of experimental climate warming on tundra vegetation: heterogeneity over space and time. Ecology Letters, 15: 164-175.

Fraser L H, Henry H A, Carlyle C N, et al. 2013. Coordinated distributed experiments: an emerging tool for testing global hypotheses in ecology and environmental science. Frontiers in Ecology and the Environment, 11: 147-155.

Frey S D, Drijber R, Smith H, et al. 2008. Microbial biomass, functional capacity, community structure after

12 years of soil warming. Soil Biology and Biochemistry, 40: 2904-2907.

Friedlingstein P, Meinshausen M, Arora V K, et al. 2014. Uncertainties in CMIP5 climate projections due to carbon cycle feedbacks. Journal of Climate, 27: 511-526.

Geml J, Morgado L N, Semenova-Nelsen T A. 2021. Tundra Type Drives Distinct Trajectories of Functional and Taxonomic Composition of Arctic Fungal Communities in Response to Climate Change – Results from Long-Term Experimental Summer Warming and Increased Snow Depth. Frontiers in Microbiology, 12: 628746490.

Gill A L, Giasson M A, Yu R, et al. 2017. Deep peat warming increases surface methane and carbon dioxide emissions in a black spruce-dominated ombrotrophic bog. Global Change Biology, 23: 5398-5411.

Griscom B W, Adams J, Ellis P W, et al. 2017. Natural climate solutions. Proceedings of the National Academy of Sciences of the United States of America, 114: 11645-11650.

Gross C D, Harrison R B. 2019. The case for digging deeper: soil organic carbon storage, dynamics, controls in our changing world. Soil Systems, 3: 28.

Hanson P J, Childs K W, Wullschleger S D, et al. 2011. A method for experimental heating of intact soil profiles for application to climate change experiments. Global Change Biology, 17: 1083-1096.

Hanson P J, Riggs J S, Nettles W R, et al. 2017. Attaining whole-ecosystem warming using air and deep-soil heating methods with an elevated CO_2 atmosphere. Biogeosciences, 14: 861-883.

Harpole W S, Sullivan L L, Lind E M, et al. 2016. Addition of multiple limiting resources reduces grassland diversity. Nature, 537: 93-96.

Harrison F. 2011. Getting started with meta-analysis. Methods in Ecology and Evolution, 2: 1-10.

Harte J, Saleska S R, Levy C. 2015. Convergent ecosystem responses to 23-year ambient and manipulated warming link advancing snowmelt and shrub encroachment to transient and long-term climate-soil carbon feedback. Global Change Biology, 21: 2349-2356.

Harte J, Torn M S, Chang F R, et al. 1995. Global warming and soil microclimate: results from a meadow-warming experiment. Ecological Applications, 5: 132-150.

Heimann M, Reichstein M. 2008. Terrestrial ecosystem carbon dynamics and climate feedbacks. Nature, 451: 289-292.

Henry G H R, Molau U. 1997. Tundra plants and climate change: the International Tundra Experiment (ITEX). Global Change Biology, 3: 1-9.

Hungate B A, Holland E A, Jackson R B, et al. 1997. The fate of carbon in grasslands under carbon dioxide enrichment. Nature, 388: 576-579.

IPCC. 2013. Climate Change: the Physical Science Basis. Cambridge: Cambridge University Press.

Jia J, Cao Z, Liu C Z, et al. 2019. Climate warming alters subsoil but not topsoil carbon dynamics in alpine grassland. Global Change Biology, 25: 4383-4393.

Kimball B A, Alonso-Rodríguez A M, Cavaleri M A, et al. 2018. Infrared heater system for warming tropical forest understory plants and soils. Ecology and Evolution, 8: 1932-1944.

Kimball B A, Conley M M, Wang S P, et al. 2008. Infrared heater arrays for warming ecosystem field plots. Global Change Biology, 14: 309-320.

Kimball B A, Conley M M. 2009. Infrared heater arrays for warming field plots scaled up to 5-m diameter. Agricultural and Forest Meteorology, 149: 721-724.

Kimball B A, White J W, Ottman M J, et al. 2015. Predicting canopy temperatures and infrared heater energy requirements for warming field plots. Agronomy Journal, 107: 129-141.

Knapp A K, Hoover D L, Wilcox K R, et al. 2015. Characterizing differences in precipitation regimes of extreme wet and dry years: implications for climate change experiments. Global Change Biology, 21: 2624-2633.

Le Quéré C, Anrew R M, Friedlingstein P, et al. 2018. Global carbon budget 2017. Earth System Science Data, 10: 405-448.

Li X N, Jiang L L, Meng F D, et al. 2016. Responses of sequential and hierarchical phenological events to warming and cooling in alpine meadows. Nature Communications, 7: 12489.

Li Y Q, Qing Y X, Lyu M, et al. 2018. Effects of artificial warming on different soil organic carbon and nitrogen pools in a subtropical plantation. Soil Biology and Biochemistry, 124: 161-167.

Lim H, Oren R, Näsholm T, et al. 2019. Boreal forest biomass accumulation is not increased by two decades of soil warming. Nature Climate Change, 9: 49-52.

Lin W S, Li Y Q, Yang Z J, et al. 2018. Warming exerts greater impacts on subsoil than topsoil CO_2 efflux in a subtropical forest. Agricultural and Forest Meteorology, 263: 137-146.

Liu H Y, Mi Z R, Lin L, et al. 2018. Shifting plant species composition in response to climate change stabilizes grassland primary production. Proceedings of the National Academy of Sciences of the United States of America, 115: 4051-4056.

Liu S W, Zheng Y J, Ma R, et al. 2020. Increased soil release of greenhouse gases shrinks terrestrial carbon uptake enhancement under warming. Global Change Biology, 26: 4601-4613.

Lu M, Zhou X H, Yang Q, et al. 2013. Responses of ecosystem carbon cycle to experimental warming: a meta-analysis. Ecology, 94: 726-738.

Luo Y Q, Melillo J, Niu S L, et al. 2011. Coordinated approaches to quantify long-term ecosystem dynamics in response to global change. Global Change Biology, 17: 843-854.

Luo Z K, Luo Y Q, Wang G C, et al. 2020. Warming-induced global soil carbon loss attenuated by downward carbon movement. Global Change Biology, 26: 7242-7254.

Mau R L, Dijkstra P, Schwartz E, et al. 2018. Warming induced changes in soil carbon and nitrogen influence priming responses in four ecosystems. Applied Soil Ecology, 124: 110-116.

Melillo J M, Butler S, Johnson J, et al. 2011. Soil warming, carbon-nitrogen interactions, forest carbon budgets. Proceedings of the National Academy of Sciences of the United States of America, 108: 9508-9512.

Melillo J M, Frey S D, DeAngelis K M, et al. 2017. Long-term pattern and magnitude of soil carbon feedback to the climate system in a warming world. Science, 358: 101-105.

Norby R, Edwards N, Riggs J, et al. 1997. Temperature-controlled open-top chambers for global change research. Global Change Biology, 3: 259-267.

Nottingham A T, Meir P, Velasquez E, et al. 2020. Soil carbon loss by experimental warming in a tropical forest. Nature, 584: 234-237.

Peterjohn W T, Melillo J M, Bowles F P, et al. 1993. Soil warming and trace gas fluxes: experimental design and preliminary flux results. Oecologia, 93: 18-24.

Plaza C, Pegoraro E, Bracho R, et al. 2019. Direct observation of permafrost degradation and rapid soil carbon loss in tundra. Nature Geoscience, 12: 627-631.

Pold G, Grandy A S, Melillo J M, et al. 2017. Changes in substrate availability drive carbon cycle response to chronic warming. Soil Biology and Biochemistry, 110: 68-78.

Pold G, Melillo J M, DeAngelis K M. 2015. Two decades of warming increases diversity of a potentially lignolytic bacterial community. Frontiers in Microbiology, 6: 480.

Pries C E H, Castanha C, Porras R C, et al. 2017. The whole-soil carbon flux in response to warming. Science, 355: 1420-1423.

Pries C E H, Castanha C, Porras R, et al. 2018. Response to Comment on "The whole-soil carbon flux in response to warming". Science, 359: eaao0457.

Reich P B, Sendall K M, Stefanski A, et al. 2018. Effects of climate warming on photosynthesis in boreal tree species depend on soil moisture. Nature, 562: 263-267.

Rich R L, Stefanski A, Montgomery R A, et al. 2015. Design and performance of combined infrared canopy and belowground warming in the B4WarmED (Boreal Forest Warming at an Ecotone in Danger) experiment. Global Change Biology, 21: 2334-2348.

Richardson A D, Hufkens K, Milliman T, et al. 2018. Ecosystem warming extends vegetation activity but heightens vulnerability to cold temperatures. Nature, 560(7718): 368-371.

Rumpel C, Kögel-Knabner I. 2011. Deep soil organic matter: a key but poorly understood component of terres-trial C cycle. Plant and Soil, 338: 143-158.

Shaver G R, Canadell J G, Chapin F S, et al. 2000. Global warming and terrestrial ecosystems: a conceptual framework for analysis. Bioscience, 50: 871-882.

Shi G X, Yao B Q, Liu Y J, et al. 2017. The phylogenetic structure of AMF communities shifts in response to gradient warming with and without winter grazing on the Qinghai-Tibet Plateau. Applied Soil Ecology, 121: 31-40.

Sistla S A, Moore J C, Simpson R T, et al. 2013. Long-term warming restructures Arctic tundra without changing net soil carbon storage. Nature, 497: 615-618.

Song J, Wan S Q, Piao S L, et al. 2019. A meta-analysis of 1,119 manipulative experiments on terrestrial carbon-cycling responses to global change. Nature Ecology and Evolution, 3: 1309-1320.

Soong J L, Castanha C, Pries C E H, et al. 2021. Five years of whole-soil warming led to loss of subsoil carbon stocks and increased CO_2 efflux. Science Advances, 7: eabd1343.

Stokstad E. 2011. Open-Source Ecology Takes Root Across the World. Science, 334(6054): 308-309.

Tang H Q, Zhang N, Ni H W, et al. 2021. Increasing environmental filtering of diazotrophic communities with a decade of latitudinal soil transplantation. Soil Biology and Biochemistry, 154: 108119.

Torn M S, Chabbi A, Crill P, et al. 2015. A call for international soil experiment networks for studying, predicting, managing global change impacts. Soil, 1: 575-582.

Wan S Q, Xia J Y, Liu W X, et al. 2009. Photosynthetic overcompensation under nocturnal warming enhances grassland carbon sequestration. Ecology, 90: 2700-2710.

Wang C T, Zhao X Q, Zi H B, et al. 2017. The effect of simulated warming on root dynamics and soil microbial community in an alpine meadow of the Qinghai-Tibet Plateau. Applied Soil Ecology, 116: 30-41.

Wang S P, Duan J C, Xu G P, et al. 2012. Effects of warming and grazing on soil N availability, species composition, ANPP in an alpine meadow. Ecology, 93: 2365-2376.

Welshofer K B, Zarnetske P L, Lany N K, et al. 2018. Open-top chambers for temperature manipulation in taller-stature plant communities. Methods in Ecology and Evolution, 9: 254-259.

Wilson R M, Hopple A M, Tfaily M M, et al. 2016. Stability of peatland carbon to rising temperatures. Nature Communications, 7: 13723.

Wu Z T, Dijkstra P, Koch G W, et al. 2012. Biogeochemical and ecological feedbacks in grassland responses to warming. Nature Climate Change, 2: 458-461.

Xiong D C, Yang Z J, Chen G S, et al. 2018. Interactive effects of warming and nitrogen addition on fine root dynamics of a young subtropical plantation. Soil Biology and Biochemistry, 123: 180-189.

Xu W F, Yuan W P. 2017. Responses of microbial biomass carbon and nitrogen to experimental warming: a meta-analysis. Soil Biology and Biochemistry, 115: 265-274.

Zhang Q F, Xie J S, Lyu M, et al. 2017. Short-term effects of soil warming and nitrogen addition on the N∶P stoichiometry of *Cunninghamia lanceolata* in subtropical regions. Plant and Soil, 411: 395-407.

Zhu E X, Cao Z J, Jia J, et al. 2021. Inactive and inefficient: warming and drought effect on microbial carbon processing in alpine grassland at depth. Global Change Biology, 27: 2241-2253.

第3章 极端气候事件的野外控制实验方法与规范[①]

3.1 背　景

极端气候事件（如极端高温、干旱和降水等）发生频率和强度的增加已成为当前全球气候变化的一个显著特征（IPCC，2007，2021）。极端气候事件不仅能够广泛改变从生物个体到生态系统各层级的结构与功能，还会对社会经济和人类福祉造成深远的影响。越来越多的证据表明，极端干旱等极端气候可能导致区域生态系统碳储量减少，甚至有可能抵消预期的陆地碳汇，导致碳库的净损失（Reichstein et al.，2013）。由于极端事件可以触发生态系统的即时和时间滞后的响应，它们对碳通量和储量的影响均是非线性的。因此，极端气候的频率或程度发生微小变化，都可能显著减少碳汇，并对气候变暖产生显著的正反馈效应。研究表明，极端气候会引起一系列相互关联的影响，且能在不同时间尺度上深刻地改变生态系统的碳平衡（图 3-1）。以往对热浪和干旱的研

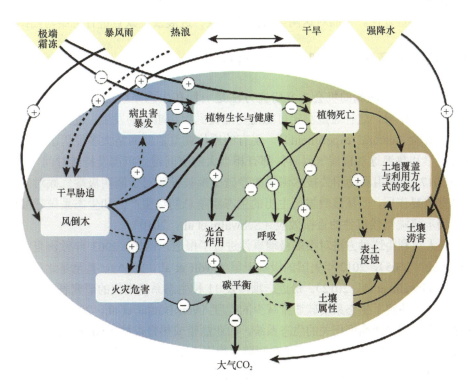

图 3-1　极端气候事件引发的过程与反馈（Reichstein et al.，2013）
实线箭头表示直接影响，虚线箭头表示间接影响。箭头的粗细表示影响的相对重要性

---

① 作者：陈蕾伊，陈鹏东，冯雪徽；单位：中国科学院植物研究所

究也验证了这一点。极端气候能够直接影响 CO_2 通量，因为温度和土壤湿度都与植物的光合作用及呼吸作用直接相关。同时，这些因素又会在叶片、生态系统和区域尺度上产生协同作用。例如，干旱导致的植物气孔关闭会减少叶片的蒸腾和蒸发带来的冷却作用，进而可能加剧高温（以及强烈的短波辐射）的影响（De Boeck and Verbeeck，2011）。同样，在区域尺度上，土壤水分-温度反馈会导致在干旱土壤产生热浪的可能性更高（Seneviratne et al.，2006）。由此可见，阐明极端气候事件对生态系统碳库和碳通量的影响对于准确认识与预测气候变化背景下的陆地生态系统碳循环特征至关重要。

3.2 极端气候事件的研究方法比较

为了评估极端气候对陆地生态系统碳循环的影响，学者们开展了大量工作。迄今为止，大多数关于极端气候的研究方法可归纳为以下两大类：①机会主义研究（opportunistic study）。这些研究产生于极端气候事件发生（Allen and Breshears，1998），或者在持续观测或实验研究过程中碰巧出现了极端气候（Haddad et al.，2002；Breshears et al.，2005；van Ruijven and Berendse，2010）。在机会主义研究中，原位通量观测的方法是一种在生态系统层面上量化极端气候事件影响的研究手段。②野外控制实验。通过在野外原位对极端气候进行模拟以阐明极端气候事件对生态系统结构与功能的影响。该方法具有很强的可操控性与重复性。下面对这两类方法的特点、进展及优缺点进行总结与归纳。

3.2.1 基于原位通量观测的机会主义研究方法

基于原位通量观测的机会主义研究方法是一种在生态系统层面上量化极端气候事件影响的研究手段。这种通量测定可能碰巧捕捉到极端事件的发生，进而可把该事件作为"自然实验（natural experiment）"。现有的原位通量监测网络大多经历了极端事件，因为像干旱和热浪这些极端气候事件都有相当大的空间覆盖范围及持续时间（Mahecha et al.，2017）。利用涡动相关技术测量的净碳交换被证明对于阐明极端气候对碳循环的影响具有重要作用，而从该数据衍生出的生态系统总初级生产力和生态系统呼吸则可以进一步揭示极端气候事件的直接效应（Schwalm et al.，2010）。

研究人员利用这种方法对很多极端事件进行了报道。例如，2003 年欧洲夏季的热浪（Ciais et al.，2005），2012 年美国的极端干旱（Wolf et al.，2016），甚至是北美西部多年的干旱（Schwalm et al.，2012）。最近一项涉及 11 种生态系统类型的研究表明，极端气候事件持续时间决定了生态系统碳通量减少的程度（von Buttlar et al.，2017）。然而，一些与全球范围的碳平衡高度相关的生态系统，如亚热带或热带森林（Yu et al.，2014），在过去并没有太多的观测数据。目前通量观测覆盖得不完全，降低了该方法发现区域极端事件的概率（Mahecha et al.，2017）。此外，该方法还具有在夜间条件下能量平衡不闭合的现象（Foken，2008），以及极端气象条件下碳交换的"慢进快出"等方法问题（Körner，2003）。因此，利用该方法研究某些生态系统区域尺度极端气候事件影响仍存在挑战。

此外，基于通量观测的机会主义研究方法虽然能够在大的空间和时间尺度开展研究，但它们往往缺乏可重复性，无法控制极端气候的特征（类型、时间、强度）或其他共变因素（如干扰状况、虫害暴发）。这些研究在评估不同类型的极端气候（如严重干旱和热浪）或其他因素（如干扰）之间的相互作用方面的能力也很有限。

3.2.2　野外控制实验

与机会主义研究相对的另一种研究方法是野外控制实验。为了克服机会主义研究的限制，越来越多的研究开始通过野外原位控制实验对极端气候进行模拟（Marchand et al.，2005；Jentsch et al.，2007，2011；Bokhorst et al.，2008；Arnone et al.，2011）。与原位通量观测相比，野外控制实验能够帮助研究人员更好地理解极端气候事件对生态系统结构与功能影响的内在过程机理。因为该方法能够模拟极端气候事件的各类关键参数，如发生频率、强度、发生事件的持续时间等。同时，该方法可以根据研究者的关注点研究从单个叶片、植株到整个生态系统等不同尺度的效应（Knapp et al.，2017）。野外控制实验极大地加深了我们关于极端气候对生态系统功能影响及其机制的理解（Jentsch et al.，2007；Wilcox et al.，2017）。例如，Shi 等（2014）通过整合分析，研究了极端干旱对草地净初级生产力（NPP）和异养呼吸（R_h）的影响，发现整个草地 NPP 的下降幅度始终大于 R_h。Denton 等（2017）研究表明，夏季干旱将可能导致碳分配向地下 NPP 转移，进而吸收更多的土壤水分。野外控制实验还可以同时研究多种极端气候变量的效应以及它们之间的交互作用，如同时发生的极端干旱和高温（Ruehr et al.，2016），以及长期趋势之间的相互作用，如二氧化碳增加与极端干旱或高温（Drake et al.，2018）。然而，由于野外单个地点的控制实验往往难以进行比较和归纳，因此，近年来，协同分布式实验（coordinated distributed experiment，CDE）（Fraser et al.，2013）和跨多个生态系统类型的多因素联网实验（Dieleman et al.，2012）被越来越多地关注，它们可在更大尺度上系统地研究特定极端气候（如干旱）对生态系统的影响。

然而，由于实际操作的限制，野外控制实验的实验设计往往存在较大的挑战，因为在一个实验中能够研究的极端气候事件特征（如频率、强度、持续时间等）的数量，以及要控制的协变量（物种组成、植物发育阶段、营养状况等）是有限的。此外，控制实验的处理组往往存在不符合实际情况的变化幅度，并且对照小区可能也会同时受到环境气象条件年际变化的影响（Beier et al.，2012）。尽管如此，野外控制实验能够给出极端气候的严格统计检验，因此，该方法对于理解与预测极端气候对生态系统碳循环的影响至关重要。2013 年，Reichstein 等（2013）专门介绍了极端气候对陆地碳循环的影响，并呼吁通过新一代的野外控制实验来精准解析极端气候事件对生态系统的影响。

下面就以极端高温/热浪和极端干旱为例，介绍现有代表性野外控制实验的方法与进展。

3.3　极端高温/热浪的野外控制实验方法

自 20 世纪中期，全球陆地和海洋空气温度均在显著增加。同时，模型模拟的结果指出这种增温会持续较长时间，并导致热浪（heat wave）发生频率增加（IPCC，2007）。

热浪对自然生态系统造成的危害是全球变暖所无法比拟的（Bauweraerts et al.，2013；Schubert et al.，2014），因为热浪带来的骤然性的高温胁迫远比平均温度的升高对生态系统的影响更大。一旦热浪发生，生态系统的平衡会被破坏，这种生态系统的失衡状态会降低生态系统对极端气候的抵御能力，并进一步诱发极端气候事件。因此，探究热浪对生态系统的影响具有十分重要的意义。然而，目前有关热浪对群落物种多样性和生态系统功能方面的研究还十分匮乏。对植物个体而言，温度上升能够直接导致叶片气孔导度下降、蒸腾降低、叶片变大，从而使叶片温度上升（Morison and Lawlor，1999）。因此，可以预测在未来更严重、更频繁的热浪趋势下，植物会遭受更多骤然性的高温胁迫，这必然影响植物光合和呼吸作用，从而影响地上和地下部分生长发育，以及植物与土壤微生物的相互作用，进而导致向土壤输入的碳减少。对植物群落而言，不同物种或者同一物种不同个体对高温热浪的响应差异将导致群落物种组成、优势度和结构的变化（Ciais et al.，2005）。因此，利用野外控制实验探讨热浪高温胁迫对生态系统的影响，对于理解和预测植物生产力、群落演替及生态系统碳水和养分循环对全球变暖的响应极为重要。

3.3.1 实验点选择

在样地选择时应注意以下几点：①群落内部的物种组成、群落结构和生境相对均匀；②群落面积足够，使样地四周能够有 10～20 m 或以上的缓冲区；③除依赖于特定生境的群落外，一般选择平（台）地或缓坡上相对均一的坡面，避免坡顶、沟谷或复杂地形。

3.3.2 野外热浪实验控温设施

与普通增温实验类似，热浪实验通常也采用红外辐射器、被动增温室与红外辐射器相结合的手段来模拟极端高温，具体野外增温控制实验技术与方法的优缺点对比详见本书第 2 章 "陆地生态系统野外增温控制实验的技术与方法"。

3.3.3 野外热浪实验的设置

（1）极端高温设置

野外热浪控制实验最关键的处理就是极端高温组温度的设置。通常来说，热浪处理组极端高温的上限一般按照该地区历史平均日温的第 95 百分位（Hoover et al.，2014），或生长季期间日最高温度的第 99 百分位来进行设置（De Boeck and Verbeeck，2011）。在极端高温的上限以内，还可根据研究需要进一步设置不同水平的热浪处理。通常，对照组采用该地区历史平均日温（接近第 50 百分位）进行处理。

（2）极端高温持续时间

极端高温处理的持续时间一般也因地而异。通常根据当地历史极端高温事件的持续时间而定。

3.3.4　代表性极端高温野外控制实验

3.3.4.1　红外加热法模拟热浪实验

该研究采用红外加热的方法来模拟热浪事件的发生。全球范围内干旱和热浪事件发生的强度及频率日益增加，改变了陆地生态系统碳循环。然而，目前学术界在生态系统对这些胁迫事件的响应机制的理解上不甚深入，影响了极端气候下碳循环的模型模拟。本案例来自 Li 等（2020）发表在 *Plant，Cell & Environment* 的研究，该研究基于一项为期 4 年的田间试验，从个体、功能群、群落和生态系统层面探究了干旱及热浪对半干旱草原碳循环的单独影响和交互影响。

（1）热浪实验装置与设计

该研究利用配备有透明红外灯（2000 W，220 V，100 cm × 31.4 cm，PHILIPS）和热敏电阻（CU 50，Micro Sensor Co.，Ltd.）的智能温控器（XMT 7100，Huibang Technology Co.，Ltd.），模拟热浪事件的发生。

该研究基于文献和历史记录来确定模拟热浪事件的上限温度、持续时间等。根据 De Boeck 和 Verbeeck（2011）的研究，该研究区域生长季期间白天最高温度的第 99 百分位为 38℃，故将 38℃作为热浪的上限温度；在历史记录中该地区仅在 2000 年 7 月出现过一次热浪事件，持续时间为 7 d；且该地区的热浪表现为白天温度升高幅度大，夜晚温差小。因此，基于上述资料，该实验采用红外加热的方法，分别在 2013 年 8 月 3 日至 8 月 9 日、2014 年 7 月 22~28 日、2015 年 8 月 3~9 日、2016 年 8 月 1~7 日，将热浪处理组小区内的日间气温升高至 38℃，而对夜间气温不做处理。具体操作：将红外加热装置安装在各小区中心的 1.5 m 高度处，自 9:00 开始缓慢升温，并最终保持在 38℃ 直至 15:00。

（2）模拟热浪效果

热浪处理对土壤体积含水量的影响不显著（图 3-2a~d）。与对照组相比，模拟热浪处理和热浪干旱处理下的土壤温度分别显著升高了 0.4℃和 0.5℃，平均冠层温度分别显著升高了 3.2℃和 3.5℃（图 3-2e~h）。

（3）实验样地设计

该实验包括干旱和热浪两种气候极端因子，采用全因子实验设计，共包含 4 种处理类型（对照、热浪、干旱、热浪干旱），每种处理有 3 个重复。单个小区面积为 2 m×2 m。

该研究以 30 d 无降水作为极端干旱处理（依据是本地气象台站的 1953~2010 年生长季气象资料显示，该地区连续两次降水事件之间间隔的最长纪录为 30 d）。采用防雨棚来制造干旱处理下的无降水条件，处理时间为 2013~2016 年生长季中期的 7 月 20 日至 8 月 19 日，干旱处理期结束后将防雨棚移走。具体操作：在每个小区的边缘以 40 cm 深度插入金属挡板，并使其高出地面 10 cm，以防止小区内外的水分交换。在每个需干旱处理的小区上方架设防雨棚，单个防雨棚大小为 9 m²（3 m × 3 m），由钢制框架和透明聚酯纤维板组成，遮阳效果可忽略。防雨棚倾斜放置，两侧高度分别为 2.1 m 和 1.8 m，既保证了对 2 m × 2 m 小区的遮雨和排水效果，又最大限度地增加空气流通，将其对温度和相对湿度的影响降到最低。

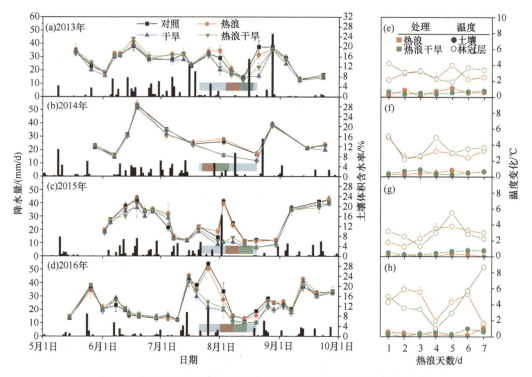

图 3-2　模拟干旱和模拟热浪条件下生长季期间各环境因素的变化

图中黑色柱形表示降水量。a~d 中蓝色、橙色和绿色阴影分别表示干旱处理时期、热浪处理时期和热浪干旱处理时期

（4）研究结果

生态系统 CO_2 通量［生态系统净交换（NEE）、生态系统呼吸（ER）和生态系统总初级生产力（GEP）］受到干旱的抑制（图 3-3a），而受热浪的影响较小。结构方程模型（SEM）结果表明，土壤水分含量（SWC）的下降会降低叶片光合速率（A）、叶面积指数（LAI）和禾草丰度，而 LAI 和禾草丰度的下降又将减少禾草地上生物量（AGB），叶片光合速率和禾草地上生物量（AGB）的下降进而减少生态系统的 CO_2 吸收；而气温（T_a）则对众多变量无显著影响（图 3-3b）。这表明干旱处理通过减少叶片光合作用和禾草地上生物量进而减少了生态系统的 CO_2 吸收。该研究强调在极端气候条件下，个体水平上的生理性响应和功能群水平上的组成变化共同调节生态系统碳汇。

3.3.4.2　被动增温室和红外辐射器相结合的热浪与干旱交互实验

干旱、洪涝、热浪等极端气候事件发生的频率和强度日益增加，对整个生态系统产生严重影响，将成为影响生态系统结构和功能的重要驱动因素。由于极端气候事件的发生具有罕见性和不可预知性，全球变化研究更多是围绕长期环境变化而进行；评估极端气候的生态后果，以及探究生态系统对该类事件的响应和恢复机制，至今仍是学术界的一项关键挑战。本案例来自 Hoover 等（2014）发表在 *Ecology* 上的研究，该研究在两年内进行了极端干旱和热浪的全因子实验，并监测干旱一年后生态系统的恢复情况。

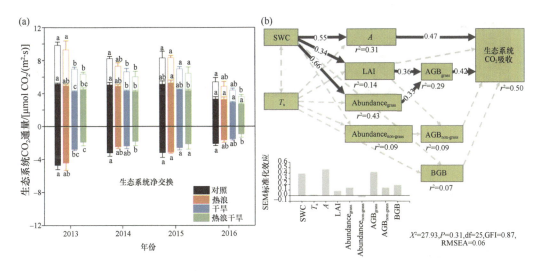

图 3-3　生态系统 CO_2 通量对极端气候的响应及机制

（a）上半部分的实心柱和空心柱分别代表生态系统呼吸（ER）和生态系统总初级生产力（GEP），下半部分的实心柱代表生态系统净交换（NEE）。（b）极端气候对生态系统 CO_2 通量影响的结构方程模型（SEM）。箭头内数字为结构方程模型的标准化回归系数。SWC. 土壤水分含量；T_a. 气温；A. 叶片光合速率；LAI. 叶面积指数；生态系统 CO_2 吸收为生态系统净交换（NEE）的绝对值；GFI 表示拟合优度（goodness of fit）指数；RMSEA 表示近似误差均方根；$Abundance_{grass}$ 和 $Abundance_{non-grass}$ 分别表示禾草科和非禾草科植物的丰度；AGB 表示地上生物量；BGB 表示地下生物量

（1）实验装置

采用被动增温室和红外辐射器相结合的方法来模拟热浪（图 3-4a）。具体而言，2 m × 2 m 被动增温室由 PVC 框架构成，其高 1 m 的墙壁覆盖有透明聚乙烯和透明的波纹聚碳酸酯薄膜（DynaGlas Plus）。增温室的设计可最大程度地减少对流冷却。与此同时，为了保持通风，增温室设置在地面上方 0.5 m 处，并在顶板和侧壁之间设置可调间隙，以控制通风。用 2000 W 红外辐射器（HS/MRM 2420）在被动增温室内进一步设置 4 个热量输入等级：对照，无灯；低热量，一盏灯以一半的功率输出（250 W/m² 输出）；中热量，一盏全功率灯泡（500 W/m²）；高热量，两盏全功率灯泡（1000 W/m²）。

（2）模拟热浪效果

在该样地 112 年的历史气候记录中，在实验的头两年，降水量和温度处理的幅度从接近平均到极端（图 3-4b、c）。在 2010 年和 2011 年，生长季的降水量分别减少到历史数量的第 10 和第 5 百分位以下（图 3-4b）。根据长期的气温平均值，为期两周 4 个水平的热浪处理使得最高冠层温度形成一个梯度，范围从过去的平均值（接近第 50 百分位）到极端高温（远远超过第 95 百分位）（图 3-4c）。尽管对照和干旱区在给定的处理过程中，以及这两年中都获得了相同的热量输入，但是干旱区的冠层温度要比对照区高得多（图 3-4c），这可能是由降水和热处理之间的相互作用导致的。

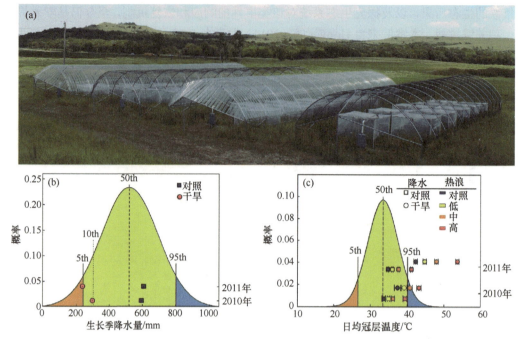

图 3-4 2010 年在美国中部草原建立的"极端气候实验"

（a）在 2010 年和 2011 年的生长季节中，使用了 4 个大型遮雨棚进行两种处理：干旱（利用遮雨棚的遮挡片使降水减少了 66%）或环境（对照）降水输入（遮雨棚上没有遮挡片）。在遮雨棚内嵌套设置热浪处理：在夏季两周内使用被动式温室结合红外辐射器进行热浪模拟。（b）根据过去 112 年生长季降水量计算得出的估计概率函数。干旱处理导致 2010 年发生严重干旱（超过第 10 百分位，虚线）和 2011 年发生极端干旱（超过第 5 百分位，实线）。相反，对照处理的两个季节的生长季节降水均略高于平均水平（50%，虚线）。（c）过去 112 年每日最高气温与热浪处理导致的最高日均冠层温度的比较。冠层温度的范围从接近平均水平（虚线）到极端高温（远远超过第 95 百分位的实线）

（3）实验样地设计

该实验设计包括模拟极端干旱和热浪两个因素。其中，极端干旱处理设置为对照（环境灌溉和补充灌溉）和极端干旱（降水输入减少 66%）两个水平；热浪处理共设置 4 种水平，分别为对照、低、中和高。两种处理进行交互，即共设 8 种处理，每种处理设置 5 个重复。该实验采用裂区实验设计，将热浪处理嵌套在极端干旱处理内部。

在 2010 年和 2011 年的生长季节（4 月 1 日至 8 月 30 日），利用 4 个遮雨棚进行了模拟极端干旱处理（图 3-4a）。对于干旱处理，设置两个 6 m × 24 m 的温室遮雨棚结构，利用挡雨板将生长季的降水减少约 66%。对照处理的两个遮雨棚采用由聚丙乙烯制成的围网（TENAX Manufacturing，Evergreen，亚拉巴马州，美国）覆盖，该结构能够允许所有周围降水穿过，但会使光合有效辐射降低约 10%（相当于干旱遮雨棚的减光）。我们的目标是使对照组具有不受限的土壤水分，以与干旱区的低土壤水分形成对比。因此，在经历长时间干旱时，对照区可能需要补充添加水分。在 2010 年并不需要这样做，但是在 2011 年，当土壤湿度降至植物水分胁迫的临界阈值（15 cm 处约 20% 的体积水含量）以下时，对照处理接受了补充灌溉（~12.7 mm）。

为防止地下和地面水通过横向流动进入地块，在每个 6 m×24 m 区域的周边挖深 1 m

的沟，沟槽内衬有塑料衬里和金属防水板。

在每个遮雨棚内，嵌套设置模拟热浪处理。具体而言，在每个遮雨棚内分为两行，每行设置 5 个 2 m×2 m 的地块（图 3-5），共 10 个，以棋盘格的形式彼此对角排列，允许在地块之间留出 2 m 的缓冲区。每个地块随机分配给 4 种热浪处理之一（对照、低、中和高）。使用被动增温室内的红外辐射器在夏季加热两周。模拟热浪的时机恰好与该草原对高温的最大敏感期相吻合（Craine et al.，2012）。为了达到 4 个不同的温度水平，将红外灯（HS/MRM 2420，2000 W，Kalglo Electronics Inc.，伯利恒，宾夕法尼亚州，美国）按如下方式放置在增温室内：对照，无灯，低热量，一盏灯以一半的功率输出，中等热量，一盏全功率灯泡，高热量，两盏全功率灯泡。灯悬挂在离地面 130 cm 处，以确保整个地块均匀覆盖。在整个两周的热浪中，每天加热地块 24 h。

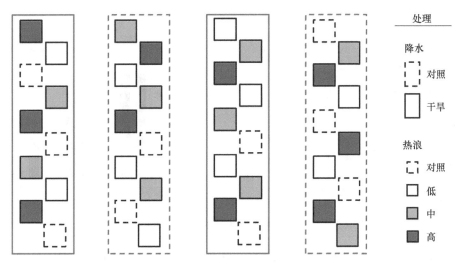

图 3-5　极端气候实验（climate extremes experiment，CEE）的野外布置图

该实验采用裂区实验设计，在对照（环境降水和补充降水）和干旱（降水输入减少 66%）处理中嵌套了 4 种水平的热浪处理（对照、低、中和高），每种处理（干旱×热浪）均设置 5 个重复。在 2010 年和 2011 年期间，在生长季节（4 月 1 日至 8 月 30 日）实施了模拟极端干旱处理，7 月进行了两周的热浪处理

（4）研究结果

热浪处理对地上净初级生产力（ANPP）的影响不显著，干旱处理则会降低 ANPP（$P = 0.060$；表 3-1）。尽管热浪事件使得冠层温度显著升高，但在该研究中干旱处理是生态系统功能发生变化的主要驱动因素；这表明，极端气候驱动下的生态系统并不一定产生响应，可能由极端事件的发生时间、持续时间、强度等因素决定。此外，尽管在两年的干旱处理后 ANPP 急剧下降，但这一生态系统功能指标仅在干旱处理后一年便完全恢复（图 3-6），这表明生态系统功能在对一些极端气候因子具有较低抵抗力的同时，也可能具备较高的恢复力。

3.3.4.3　被动增温室与红外辐射器共同模拟热浪与刈割交互作用实验

本实验采用开顶箱与红外辐射器共同作用的方法来模拟发生在草原生态系统的热

表3-1 地上净初级生产力（ANPP）的方差分析（ANOVA）结果

效应	总体		禾草		杂草	
	F	P	F	P	F	P
干旱	15.6	0.060	0.1	0.828	24.0	0.043
热浪	0.9	0.511	0.2	0.924	0.3	0.816
干旱×热浪	1.0	0.475	0.1	0.960	0.3	0.851
年份	74.0	<0.001	88.3	<0.001	15.7	<0.001
干旱×年份	33.0	<0.001	38.6	<0.001	11.0	<0.001
热浪×年份	0.4	0.883	0.3	0.949	0.6	0.727
干旱×热浪×年份	2.2	0.055	2.0	0.080	0.9	0.489

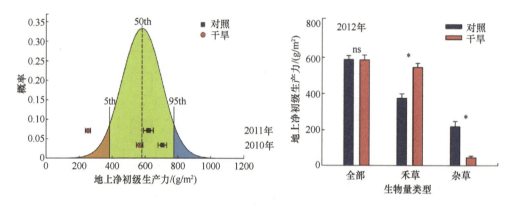

图3-6 干旱处理对地上净初级生产力（ANPP）的影响

浪事件。热浪是一种典型的极端气候事件，该事件发生时，气温陡然升高，可能导致生态系统功能发生剧烈变化。热浪事件的发生频率和强度日益增加，自20世纪中期以来影响了全球超过73%的陆地面积，因而越来越受到学术界的关注。然而，与热浪事件相关的野外实验数据相对缺乏，且生态系统对热浪事件及人类活动（如放牧等）的响应尚不清楚。本案例来自Qu等（2018）发表在 *Science of the Total Environment* 的研究，该研究在内蒙古克氏针茅草原进行了一项为期3年的模拟热浪和放牧的田间试验。

（1）实验装置

实验所用开顶箱尺寸如图3-7所示。开顶箱构架由约15 cm的空心钢管组成，形状为八棱柱状体，底部八边形直径为2 m，八棱柱高度为1.5 m。实验进行时，用透明塑料布覆盖并密封，并在加热箱内悬挂红外辐射器进行增温，红外辐射器功率为3500 W，在增温阶段始终保持最大功率运行。红外辐射器悬挂于样方上方1.5 m处，体积为20 cm×15 cm×15 cm，并不会显著影响光照。同时，在每日5:00～6:00（该时间段OTC内外温差最小），打开OTC，使内外空气流通。塑料布选用当地大棚种植所用塑料布，材质为聚氯乙烯（PVC）。同时，实验考虑了塑料布的透光性问题，以防止影响光照强度从而影响箱内植被群落生长状况。于晴好天气将塑料布间断罩于光合有效辐射（PAR）

探头上 10 次，并读取 PAR 探头数据，结果表明，透明塑料对光合有效辐射量的影响并不存在显著差异（$P>0.05$），而且所有实验组均进行了塑料布的覆盖，从而保证加热组和非加热组所在样方内植被所处微环境的一致性。

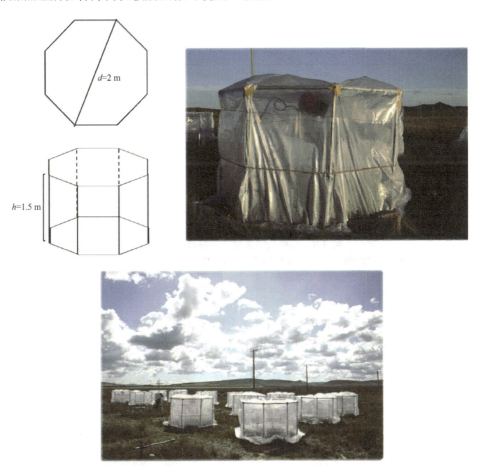

图 3-7　热浪模拟的 OTC 装置

（2）模拟热浪效果

5 月初实验开始前对开顶箱及红外辐射器增温效果进行了预实验，并取得了理想的效果（图 3-8）。相较于其他的热浪模拟实验，本实验首先进行了原位实验，进行了野外热浪模拟的实验，同时，本实验模拟的热浪与自然热浪一样存在日动态变化，而非室内模拟实验时的持续单一高温，本实验模拟热浪最高温接近 50℃，尽管该温度要高于之前对于松嫩草原自然热浪的最高温分析，但是参照其余模拟热浪实验，加上对于多伦典型草原历史最高温的分析，该温度仍是可行的。为了比较模拟热浪的结果，与之前发生在松嫩草甸草原的热浪的结果进行了对比，该热浪模拟的方法模拟出了热浪时的高空气温度、高土壤温度，以及低相对空气湿度和低土壤含水量。并且在热浪结束时，当空气温度回到自然水平后，仍保持较高土壤温度，这皆与之前松嫩草甸草原自然热浪发生时的状态一致。

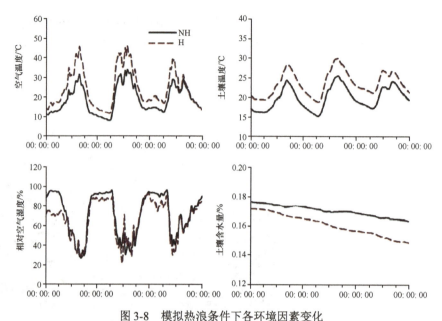

图 3-8　模拟热浪条件下各环境因素变化

热浪模拟持续时间为 3 d，横轴为时间坐标。NH 为非热浪处理，H 为热浪处理

（3）实验样地设计

该实验设计包括人工模拟热浪和刈割 2 个因素。其中热浪分有和无 2 个水平；刈割共设置重度刈割、中度刈割和不刈割 3 个水平。两种处理交互，共设 6 种处理，每种处理重复 4 次（图 3-9）。

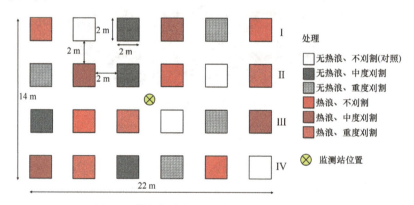

图 3-9　模拟热浪实验样地布局及样方示意图

样地布局采用分组随机的方法，共包含 6 种处理类型（对照、热浪、中度刈割、重度刈割、热浪+中度刈割和热浪+重度刈割）。小区面积设为 2 m × 2 m，总体实验样地为 22 m × 14 m（四周另外留至少 2 m 缓冲带）。

中度刈割留茬高度为生产上常用的 5～8 cm，具体高度视当年生长情况而定；重度刈割留茬高度为 2 cm，每年于生物量达到最高的秋季打草季节（8 月 20 日前后）刈割一次，用剪草机（Yard-Man 160CC，USA）剪草。

（4）研究结果

3 年来的热浪事件显著降低了 CO_2 生态系统净交换（NEE）、生态系统呼吸（ER）和生态系统总初级生产力（GEP），降低幅度分别是 31%、5% 和 16%（图 3-10）。热浪处理下水分利用效率（WUE）的变化表明生态系统除了通过调节群落结构或增加凋落物生物量，还可以通过降低用水需求来适应持续的热浪效应（图 3-11）。此外，刈割（尤

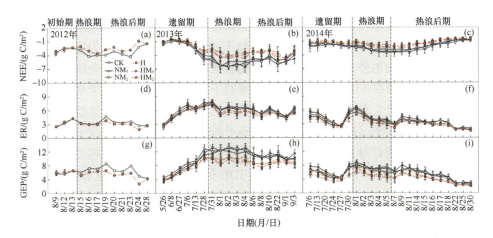

图 3-10　不同处理下生态系统功能指标的日变化

NEE（net ecosystem exchange）为生态系统净交换，ER（ecosystem respiration）为生态系统呼吸，GEP（gross ecosystem productivity）为生态系统总初级生产力。CK：对照，H：加热，NM_7（不加热+7 cm 残株），HM_7（加热+7 cm 残株），NM_2（不加热+2 cm 残株），HM_2（加热+2 cm 残株）；下同

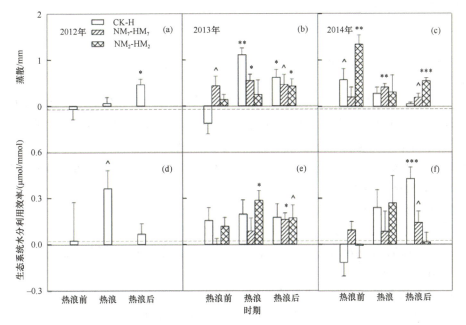

图 3-11　不同刈割程度下热浪处理造成的蒸散和生态系统水分利用效率变化

$^\wedge P < 0.1$，$*P < 0.05$，$**P < 0.01$，$***P < 0.001$

其是重度刈割）将导致水分可利用性降低，增加热浪事件发生时干旱的严重程度，并由此降低生态系统对热浪和刈割双重胁迫的抵抗力。

3.4 极端干旱的野外控制实验方法

为有效预测陆地生态系统对干旱气候的响应，生态学家必须确定不同生态系统类型对不同干旱程度的敏感性机制，然后通过在更大范围的环境梯度背景下纳入这种变化来改进现有的建模框架。传统的基于站点的实验无法解决这些问题，因为特定站点的实验难以对生态系统之间的差异进行比较。联网实验研究非常适合区域到全球范围的比较研究。国际干旱研究网络（Drought-Net）将全球对干旱有共同兴趣的科学家骨干聚集在一起，共同研究干旱对生态系统的影响，促进了人们对陆地生态系统干旱敏感性决定因素的理解。国际干旱实验（IDE）的目的是明确不同陆地生态系统对极端干旱的敏感性有何不同以及为何不同。为了实现这一目标，在全球范围内一系列施加超过 4 年极端干旱的生态系统类型中建立一项联网实验。有关 IDE 的更多详细信息可以访问 Drought-Net 网站（www.drought-net.org）。

3.4.1 实验点选择

实验所选择的地点的环境条件如土壤性质、植物物种组成等方面需要相对均一。植被群落在该区域生态系统中要具有代表性，实验点的面积要足够大。理想情况下，研究地点不应在过去数年内经历过重大干扰事件（如养分添加、严重土壤扰动、种子添加、牲畜放牧等），以避免干扰或放牧的效应与实验处理效果混淆。

3.4.2 野外调控降水量的设施

近年来，为了系统研究降水量、降水间隔和降水的季节分布等对生态系统结构与功能的影响，已开展大量可控性强的降水变化控制实验。在干旱实验中，通常通过固定的遮雨棚或遮雨帘来实施干旱处理，该装置恒定地排去特定百分比的降水，使我们能够控制降水量、频度及其强度，并评估本地种群群落和生态系统响应（Yahdjian and Sala，2002；Gherardi and Sala，2013）。

现有的野外调控降水设施主要包括以下三类（表 3-2）：①使用遮雨棚遮挡自然降水并进行完全控制的人工降水；②降水时自动覆盖的降水拦截装备（Beier et al.，2004；Suttle et al.，2007；Misson et al.，2011）；③部分遮雨的小型截雨装置（Yahdjian and Sala 2002；Miranda et al.，2011）。

这三类装置都能实现对降水量的控制，对于理解生态系统对降水变化的响应具有十分重要的意义。下面是对一些主要的野外极端干旱实验降水调控方法的优点和主要问题的评价（表 3-2）。在这些方法中，遮雨棚实验的优点是能够实现最精准的降水控制，但其对环境的影响和控制使得实验样地与外界环境相比有很大改变，尤其是太阳辐射在大棚下平均减少了 20% 左右（Fay et al.，2000），甚至达 50%（Svejcar et al.，1999）。这给实验结果在野外真实环境下的应用及与其他方法之间的比较带来很大的影响。自动覆盖的降水拦截设备对环境因子影响最小，但其拦截效果会受到风和感应降水延时的影响，且昂贵的价格限制了其进一步的应用。相比而言，小型的部分截雨装置对环境的影响相对较小，且能很方便地实现不同降水梯度的设置，又因其价格相对低廉而得到越来越多的应用（Gherardi and Sala，2013；Xu et al.，2013；Reichmann and Sala，2014）。根据所研究生态系统植物的高度，常见的部分截雨装置可分为低地遮雨装置（适用于草地等以低矮植物为主的生态系统）和棚状遮雨装置（适用于稀树草原等具有较高植物的生态系统）。

表 3-2　野外极端干旱实验调控降水的主要方法及其优缺点（张兵伟，2016）

方法	描述	应用范围	优点	缺点	参考文献	示例
遮雨棚实验	拦截所有自然降水，再通过人工措施来控制降水的发生时间和大小	灌丛、草地、苔原和农田等相对低矮生态系统	能有效控制降水量、降水间隔和季节分布	对环境因子影响较大，降低太阳辐射最高达50%；降低日温差、风速和空气湿度	Knapp et al.，2002 Shinoda et al.，2010	
部分截雨装置	通过不同密度的遮雨板来不同程度地减少降水量	各类生态系统	更接近自然降水过程，方便设置梯度，价格便宜	拦截部分太阳辐射；降低日温差；在高乔木生态系统中，可能会高估隔离效果（忽略了树干径流）	Miranda et al.，2011 Reichmann and Sala，2014	
自动覆盖式的降水拦截装置	降水发生时自动覆盖样方，拦截降水，未降水时暴露在自然环境	灌丛、草地、苔原和农田等相对低矮生态系统	对群落的干扰影响较小	造价昂贵，感应降水延时和风会影响处理效果，使得拦截效果不充分且难以估计	Beier et al.，2004 Misson et al.，2011	

3.4.3　野外干旱实验的设置

在野外极端干旱实验中，核心处理通常包括对照和极端干旱处理。

其中，关于极端干旱处理，现有研究大多集中于以下两类处理，包括降水量的减少和降水频度的下降，建议至少连续实施 4 年。

1）降水量的减少：通常，通过遮挡处理将全年降水量减少 50%或将生长季降水量减少 60%定义为极端干旱。

2）降水频度的下降：总降水量不变，但频次下降；干旱时长增加，强度增加。

而对照组则保持降水量和降水频度不变。但考虑到设备遮挡的影响（施工扰动、遮阳、挡风、导致土壤水分细微尺度的异质化等），在研究地点通常建立设备对照区块，如将遮雨板倒置安装。

3.4.4 重复和区组大小

重复的程度将部分取决于研究的成本。对于草本系统，每个核心处理至少要重复三次。对于那些需要较大区块（森林、灌丛）的系统，建议每个核心处理至少重复两次。区块可以随机设置，在适当的情况下也可以采用区组设计。采样点的面积应与植被结构（即高度、密度、冠幅）相匹配。对于矮生植被（<2 m），最小采样区块大小为 2 m×2 m，区块周围需要 50 cm 的缓冲区。如果该地点适合设置较大的区块，建议设置 4 m×4 m 的采样区和 1 m 的缓冲区。遮雨棚的顶棚需要足够大以覆盖采样区及缓冲区（3 m×3 m 或 6 m×6 m），但与地面的距离不应小于 80 cm，以免改变气候微环境。

3.4.5 挖沟

建议在每个处理和对照区块的边界上挖沟，以便在水文上隔离。挖沟的深度取决于植被，建议草本系统至少挖 0.5 m 或更深，大多数灌丛和森林至少挖 1 m 深。在实验开始前，挖出的沟内应内衬防水层（如 6 mm 塑料）并重新填充。由于并非所有地点都可以挖沟，另一种方法是增大覆盖的面积，以包含更大的缓冲区。如果场地位于斜坡上（>2%），则建议减少连片的设置区块（例如，通过间断设置或其他方式）。

3.4.6 代表性极端干旱野外控制实验

3.4.6.1 采用遮雨棚全遮挡模式的干旱实验

Alan Knapp 团队在康扎草原（Konza Prairie）站点开展的降水控制实验采用了遮雨棚全遮挡模式，进而配合人工降水进行降水量的完全控制（http://www.konza.ksu.edu/ramps/default.html）。现以该站点的设施为例，介绍这种装置的设计及利用该装置取得的实验结果。

遮雨棚（图 3-12）外沿框架由镀锌钢管构成。每个遮雨棚的面积为 9.14 m×14.0 m（约 128 m^2），平均高度为 1.8 m。核心区设置为 6 m×6 m，该核心区用于测量植物和土壤对降水格局改变的响应。框架固定在 1.2 m 深的混凝土中，并在外部用电线固定以保持稳定性。

遮雨棚顶覆盖有一层透明的聚乙烯温室薄膜，该薄膜通过线夹系统固定在遮雨棚上。遮雨棚的侧面和末端保持敞开，以最大程度地增加空气流动并最大程度地减少温度和相对湿度的影响。每年 4 月安装聚合物薄膜，10 月拆除，以控制生长季节的降水。采用檐槽落水管将自然降水收集于两个约 4000 L 聚乙烯材质的水箱中，水箱的总存储量约为 10 cm 的降水。选择黑水箱以防止光的渗透和藻类的生长。利用灌溉系统（图 3-13）将水箱中的水再分配到实验小区。灌溉系统的喷灌范围为以核心测定小区为中心的 86.3 m^2 区域，该系统包括 13 个灌溉喷嘴，中心是一个 891.5 L/h 大容量低漂移的喷嘴，在其周围围绕 12 个 98.0 L/h 的喷嘴。这种喷嘴配置可为整个核心测量区提供均匀的水分配。将每个喷嘴的压力调节至 41.37 kPa，从而允许最大施加速率为 2068 L/h 或约

2.5 cm/h。用自吸式离心泵将水箱中的水抽到喷嘴。

图 3-12　遮雨棚

图 3-13　利用灌溉系统将水箱中的水再分配到实验小区

　　基于该降水调控装置，Knapp 等（2002）在 *Science* 上发表相关研究，报道了增加降水变异性（减少降水频率和增加单次降水量）对草原生态系统碳循环和植物群落组成的影响。该研究为了减少处理组的降水频率和增加单次降水量，延长了处理组的两次降水事件之间的时间间隔至自然降水事件间隔的 150%，收集、储存在此期间发生的所有降水事件的雨水，并在预设降水日当天单次施加。自然降水模式下的对照组在每个生长季发生 25～30 次降水事件（单次降水事件的降水量平均值为 14 mm）；处理组则只发生 6～8 次降水（单次降水事件的降水量平均值为 42 mm），在降水事件之间的干旱期变长，总干旱日增多（图 3-14）。处理组的降水量和降水频率均在过去 100 年的降水记录范围内，且与对照组相比总降水量不变。

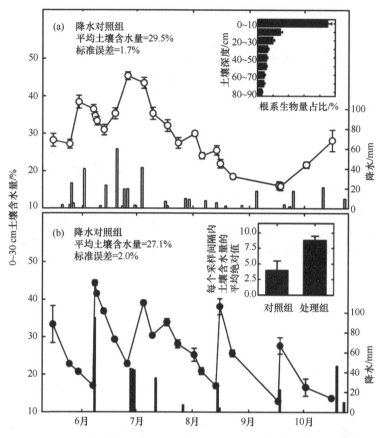

图 3-14　2000 年生长季期间美国堪萨斯州东北部 C₄ 植物主导的草地降水和土壤含水量的季节动态
（a）降水对照组的季节降水和土壤含水量动态，以及所有实验样地中根系生物量随不同土壤深度的分布；（b）降水处理组（延长降水事件间的间隔，同时增加单次事件的降水量）的季节降水和土壤含水量动态，以及连续测量间土壤含水量的平均绝对值

　　研究结果显示，增加了降水变异性后，优势植物物种大须芒草（*Andropogon gerardii*）的叶片水平上的净光合速率降低了约 20%，叶水势升高。降水频率的减少和单次降水量的增加使地上净初级生产力（ANPP）与对照组相比显著降低了约 10%，实验期间干旱程度最高的年份降幅最大（107.9 g/m²）；土壤 CO_2 通量显著降低了约 16%（图 3-15），这表明降水变异性的增加将减少对生态系统的碳输入，并可能减少土壤固碳。ANPP 与平均土壤含水量无关，而与土壤含水量变异性呈极显著负相关。这进一步表明了该生态系统来源于 ANPP 的碳输入受到降水变异性增加的直接影响，而与降水量无关。

3.4.6.2　采用部分截雨装置的干旱实验

　　高寒草原生态系统的结构与功能，包括土壤碳储量，在很大程度上是由温度决定的。在过去的 50 年里，青藏高原经历了比全球平均水平更快的气候变暖，以及更大的降水年际变化，植物物种组成和净初级生产力（NPP）可能会因此发生改变，影响陆地生物圈和大气之间的碳反馈。本案例来自 Liu 等（2018）发表在 *PNAS* 上的研究，将 32 年的长期监测与温度、降水控制实验相结合，以探究气候变化对植物群落结构和生态系统功能的影响。

　　该实验采用全因子设计，包括 2 个水平的增温（对照与增温）和 3 个水平的降水处理（干旱、对照、加水），每个处理水平设置 6 个重复，共设置 36 个实验小区（图 3-16）。每个实验小区大小为 2.2 m×1.8 m。降水实验处理通过在每个样地上方以 15°的倾斜角安装 4 个透明挡雨板的方式来控制降水量的大小。干旱处理的挡雨板可将总雨水量的 50%截留并储存起来，即为减雨 50%。加水处理组的挡雨板开放不截留雨水，且在雨后需将干旱处理地块收集的雨水喷洒于加水处理地块。因此，与对照相比，加水处理组增加了50%的降水量。空白对照仅安装 4 块开放挡雨板。为避免地表径流，在每个地块周围插入金属挡板，深 15 cm，高 5 cm。

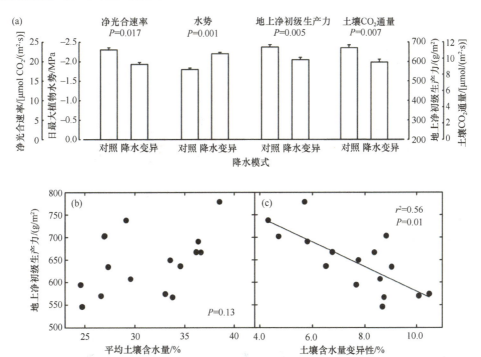

图 3-15　增加降水变异性对不同碳循环关键过程的影响，以及 ANPP 与平均土壤含水量、土壤含水量变异性的关系（Knapp et al.，2002）

图 3-16　青海海北高寒草地生态系统国家野外科学观测研究站的长期监测样地以及大型"增温-降水"实验平台

　　研究发现，在为期 4 年的控制实验中，增温处理和干旱处理均显著减少了生长季时土壤含水量。增温并未显著改变地上净初级生产力（ANPP）、地下净初级生产力（BNPP）或总净初级生产力（NPP）；增温并没有显著改变 0～20 cm 土壤深度的 BNPP 占比，但显著增加了 30～50 cm 深度的 BNPP 占比（图 3-17）。干旱处理显著降低了 ANPP，增加了 BNPP，但不显著改变 NPP，同时显著增加了 0～20 cm 和 30～50 cm 深度的 BNPP占比（图 3-17）。这表明，气候变化下增温和干旱虽未显著改变高海拔生态系统的初级生产力，但干旱将导致地上生产力到地下生产力的转变。

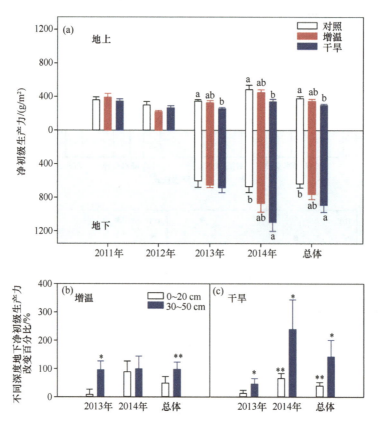

图 3-17　增温和干旱对地上、地下净初级生产力和地下净初级生产力改变百分比的影响
（Liu et al.，2018）
*和**分别表示处理组与对照组在 0.05 和 0.01 水平存在显著差异

3.4.6.3　采用自动感应遮雨装置的干旱实验

　　气候变化将改变降水格局，从而影响土壤碳循环。了解土壤湿度的波动如何影响微生物过程，对于预测其对未来全球变化的响应是至关重要的。本案例来自 de Nijs 等（2018）发表在 *Global Change Biology* 上的研究，探究了长期干旱如何影响微生物对干旱的耐受性和干湿交替的恢复力。使用的土壤取自连续 18 年干旱处理的欧石楠灌丛（heathland）。该研究干旱处理在三个样地展开，每个样地面积为 20 m²。在实验田上装有遮雨帘和传感器，在降水期间用透明遮雨帘自动覆盖地面以实施干旱处理。每当下雨

时，降水传感器接收感应并自动启动遮雨帘，遮盖地面，雨水通过水槽收集并排出，雨停时窗帘收起。对照处理仅在实验田架设无遮雨帘的脚手架（图 3-18）。

图 3-18　荷兰长期干旱实验装置，通过遮雨帘排除夏季降水进而模拟干旱（Evy de Nijs 拍摄）

该实验处理连续开展 18 年后，取土壤样品带回实验室内进行 3 次干湿交替处理，即通风橱中风干 65 h 后，用去离子水润湿至 50% 田间持水量。研究发现，干旱处理并未改变微生物的耐旱性，干湿交替导致微生物呼吸的耐旱性降低（曲线右移），在较高的水分条件下微生物呼吸速率开始降低，且对照土壤比干旱处理的土壤反应更强烈。随着土壤湿度的减小，细菌生长速率降低，干湿交替显著增加了细菌生长的耐旱性（曲线左移）（图 3-19）。干湿交替处理组改变了微生物的恢复力，再湿润后细菌开始生长的时间明显提前。这表明，干旱处理和干湿交替将选择干旱再湿润后恢复较快的，而非强耐旱性的微生物类群。这些结果意味着干湿交替过程而非干旱期间较低的土壤湿度，对微生物群落具有选择作用。

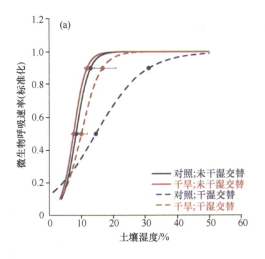
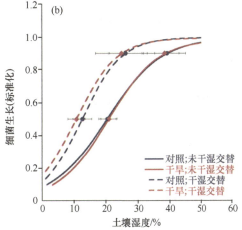

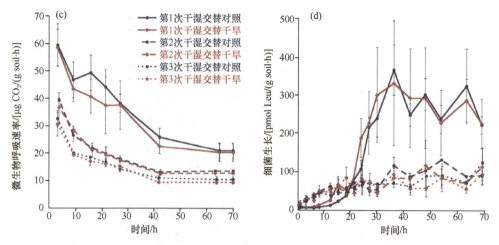

图 3-19　微生物呼吸速率及细菌生长随土壤湿度和干旱再湿润处理后时间的变化（de Nijs et al.，2018）

3.5　总结与展望

综上，利用野外控制实验来研究极端气候事件可以捕获多层次极端气候的响应，也能够揭示极端气候引起的临界生态阈值。然而，目前在生态学领域，基于野外控制实验来研究极端气候的影响仍是一个相对较新的研究方向。尽管目前的这些野外控制实验在很大程度上促进了学术界对极端气候效应的认识，但现有的实验研究还存在很多不足，例如，现有大部分实验主要限于在相对较小的空间尺度上施加的单一极端气候水平（如100 年的干旱或 30 年的热浪），对不同极端气候之间的相互作用（Van Peer et al.，2004；Jentsch et al.，2007）或与其他因素（如扰动、N 沉降；Wang et al.，2008）间的交互作用考虑相对较少。由于极端气候事件通常是组合发生的，因此未来必须继续评估不同极端气候类型（如严重干旱和热浪）之间的相互作用，同时，还应考虑其他因素，如气候均值的变化、物种多样性、营养相互作用或干扰机制（Jentsch et al.，2007，2011）。此外，新一代的控制实验还需要对暴露于一系列极端气候的不同生态系统或生物群落类型进行比较研究，以阐明差异敏感性的潜在机制，以及这些机制在生态系统或生物群落之间是否相同（Smith，2011）。最后，未来的控制实验还需要在多个层次（从个体到生态系统水平）上观测生态响应，并在足够长的时间尺度和足够大的空间范围内进行，以确保完全覆盖生态响应的范围及其响应阈值。

参 考 文 献

张兵伟. 2016. 半干旱草原生产力和碳循环对降水变化的非对称响应. 北京: 中国科学院大学博士学位论文.

Allen C D, Breshears D D. 1998. Drought-induced shift of a forest-woodland ecotone: rapid landscape response to climate variation. Proceedings of the National Academy of Sciences of the United States of America, 95: 14839-14842.

Arnone J A III, Jasoni R L, Lucchesi A J, et al. 2011. A climatically extreme year has large impacts on C_4 species in tallgrass prairie ecosystems but only minor effects on species richness and other plant functional groups. Journal of Ecology, 99: 678-688.

Bauweraerts I, Wertin T M, Ameye M, et al. 2013. The effect of heat waves, elevated [CO$_2$] and low soil water availability on northern red oak (*Quercus rubra* L.) seedlings. Global Change Biology, 19: 517-528.

Beier C, Beierkuhnlein C, Wohlgemuth T, et al. 2012. Precipitation manipulation experiments: challenges and recommendations for the future. Ecology Letters, 15: 899-911.

Beier C, Emmett B, Gundersen P, et al. 2004. Novel approaches to study climate change effects on terrestrial ecosystems in the field: drought and passive nighttime warming. Ecosystems, 7: 583-597.

Bokhorst S, Bjerke J W, Bowles F W, et al. 2008. Impacts of extreme winter warming in the sub-Arctic: growing season responses of dwarf shrub heathland. Global Change Biology, 14: 2603-2612.

Breshears D D, CobbN S, Rich P M, et al. 2005. Regional vegetation die-off in response to global-change-type drought. Proceedings of the National Academy of Sciences of the United States of America, 102: 15144-15148.

Ciais P, Reichstein M, Viovy N, et al. 2005. Europe-wide reduction in primary productivity caused by the heat and drought in 2003. Nature, 437: 529-533.

Craine J M, Nippert J B, Elmore A J, et al. 2012. Timing of climate variability and grassland productivity. Proceedings of the National Academy of Sciences of the United States of America, 109: 3401-3405.

De Boeck H J, Verbeeck H. 2011. Drought-associated changes in climate and their relevance for ecosystem experiments and models. Biogeosciences, 8: 1121-1130.

de Nijs E A, Hicks L C, Leizeaga A, et al. 2018. Soil microbial moisture dependences and responses to drying-rewetting: the legacy of 18 years drought. Global Change Biology, 25: 1005-1015.

Denton E M, Dietrich J D, Smith M D, et al. 2017. Drought timing differentially affects above- and belowground productivity in a mesic grassland. Plant Ecology, 218: 317-328.

Dieleman W I J, Vicca S, Dijkstra F A, et al. 2012. Simple additive effects are rare: a quantitative review of plant biomass and soil process responses to combined manipulations of CO$_2$ and temperature. Global Change Biology, 18: 2681-2693.

Drake J E, Tjoelker M G, Vårhammar A, et al. 2018. Trees tolerate an extreme heatwave via sustained transpirational cooling and increased leaf thermal tolerance. Global Change Biology, 24: 2390-2402.

Fay P A, Carlisle J D, Knapp A K, et al. 2000. Altering rainfall timing and quantity in a mesic grassland ecosystem: design and performance of rainfall manipulation shelters. Ecosystems, 3: 308-319.

Foken T. 2008. The energy balance closure problem: an overview. Ecological Applications, 18: 1351-1367.

Fraser L H, Henry H A L, Carlyle C N, et al. 2013. Coordinated distributed experiments: an emerging tool for testing global hypotheses in ecology and environmental science. Frontiers in Ecology and the Environment, 11: 147-155.

Gherardi L A, Sala O E. 2013. Automated rainfall manipulation system: a reliable and inexpensive tool for ecologists. Ecosphere, 4: art18.

Haddad N M, Tilman D, Knops J M H. 2002. Long-term oscillations in grassland productivity induced by drought. Ecology Letters, 5: 110-120.

Hoover D L, Knapp A K, Smith M D. 2014. Resistance and resilience of a grassland ecosystem to climate extremes. Ecology, 95: 2646-2656.

IPCC. 2007. Climate Change 2007: The Physical Science Basis. Summary for Policymakers. New York: Cambridge University Press.

IPCC. 2021. Climate Change 2021: The Physical Science Basis. Summary for Policymakers. New York: Cambridge University Press.

Jentsch A, Kreyling J, Beierkuhnlein C. 2007. A new generation of climate-change experiments: events, not trends. Frontiers in Ecology and the Environment, 5: 365-374.

Jentsch A, Kreyling J, Elmer M, et al. 2011. Climate extremes initiate ecosystem-regulating functions while maintaining productivity. Journal of Ecology, 99: 689-702.

Knapp A K, Avolio M L, Beier C, et al. 2017. Pushing precipitation to the extremes in distributed experiments: recommendations for simulating wet and dry years. Global Change Biology, 23: 1774-1782.

Knapp A K, Fay P A, Blair J M, et al. 2002. Rainfall variability, carbon cycling, plant species diversity in a mesic grassland. Science, 298: 2202-2205.

Körner C. 2003. Slow in, rapid out: carbon flux studies and Kyoto targets. Science, 300: 1242-1243.

Li L F, Zheng Z Z, Biederman J A, et al. 2020. Drought and heat wave impacts on grassland carbon cycling across hierarchical levels. Plant, Cell & Environment, 44: 2402-2413.

Liu H Y, Mi Z R, Lin L, et al. 2018. Shifting plant species composition in response to climate change stabilizes grassland primary production. Proceedings of the National Academy of Sciences of the United States of America, 115: 4051-4056.

Mahecha M D, Gans F, Sippel S, et al. 2017. Detecting impacts of extreme events with ecological *in situ* monitoring networks. Biogeosciences, 14: 4255-4277.

Marchand F L, Mertens S, Kockelbergh F, et al. 2005. Performance of High Arctic tundra plants improved during but deteriorated after exposure to a simulated extreme temperature event. Global Change Biology, 11: 2078-2089.

Miranda J D, Armas C, Padilla F M, et al. 2011. Climatic change and rainfall patterns: effects on semi-arid plant communities of the Iberian Southeast. Journal of Arid Environments, 75: 1302-1309.

Misson L, Degueldre D, Collin C, et al. 2011. Phenological responses to extreme droughts in a Mediterranean forest. Global Change Biology, 17: 1036-1048.

Morison J I L, Lawlor D W. 1999. Interactions between increasing CO_2 concentration and temperature on plant growth. Plant, Cell & Environment, 22: 659-682.

Qu L P, Chen J Q, Dong G, et al. 2018. Heavy mowing enhances the effects of heat waves on grassland carbon and water fluxes. Science of the Total Environment, 627: 561-570.

Reichmann L G, Sala O E. 2014. Differential sensitivities of grassland structural components to changes in precipitation mediate productivity response in a desert ecosystem. Functional Ecology, 28: 1292-1298.

Reichstein M, Bahn M, Ciais P, et al. 2013. Climate extremes and the carbon cycle. Nature, 500: 287-295.

Ruehr N K, Gast A, Weber C, et al. 2016. Water availability as dominant control of heat stress responses in two contrasting tree species. Tree Physiology, 36: 164-178.

Schubert S D, Wang H, Koster R D, et al. 2014. Northern Eurasian Heat Waves and Droughts. Journal of Climate, 27: 3169-3207.

Schwalm C R, Williams C A, Schaefer K, et al. 2010. Assimilation exceeds respiration sensitivity to drought: a FLUXNET synthesis. Global Change Biology, 16: 657-670.

Schwalm C R, Williams C A, Schaefer K, et al. 2012. Reduction in carbon uptake during turn of the century drought in western North America. Nature Geoscience, 5: 551-556.

Seneviratne S I, Lüthi D, Litschi M, et al. 2006. Land-atmosphere coupling and climate change in Europe. Nature, 443: 205-209.

Shi Z, Thomey M L, Mowll W, et al. 2014. Differential effects of extreme drought on production and respiration: synthesis and modeling analysis. Biogeosciences, 11: 621-633.

Shinoda M, Nachinshonhor G U, Nemoto M. 2010. Impact of drought on vegetation dynamics of the Mongolian steppe: A field experiment. Journal of Arid Environments, 74: 63-69.

Smith M D. 2011. An ecological perspective on extreme climatic events: a synthetic definition and framework to guide future research. Journal of Ecology, 99: 656-663.

Suttle K B, Thomsen M A, Power M E. 2007. Species interactions reverse grassland responses to changing climate. Science, 315: 640-642.

Svejcar T, Angell R, Miller R. 1999. Fixed location rain shelters for studying precipitation effects on rangelands. Journal of Arid Environments, 42: 187-193.

Van Peer L, Nijs I, Reheul D, et al. 2004. Species richness and susceptibility to heat and drought extremes in synthesized grassland ecosystems: compositional *vs* physiological effects. Functional Ecology, 18: 769-778.

van Ruijven J, Berendse F. 2010. Diversity enhances community recovery, but not resistance, after drought. Journal of Ecology, 98: 81-86.

von Buttlar J, Zscheischler J, Rammig A, et al. 2017. Impacts of droughts and extreme temperature events on gross primary production and ecosystem respiration: a systematic assessment across ecosystems and climate zones. Biogeosciences Discussions, 15: 1293-1318.

Wang D, Heckathorn S A, Mainali K, et al. 2008. Effects of N on plant response to heat-wave: a field study with prairie vegetation. Journal of Integrative Plant Biology, 50: 1416-1425.

Wilcox K R, Shi Z, Gherardi L A, et al. 2017. Asymmetric responses of primary productivity to precipitation extremes: a synthesis of grassland precipitation manipulation experiments. Global Change Biology, 23: 4376-4385.

Wolf S, Keenan T F, Fisher J B, et al. 2016. Warm spring reduced carbon cycle impact of the 2012 US summer drought. Proceedings of the National Academy of Sciences of the United States of America, 113: 5880-5885.

Xu X, Sherry R A, Niu S L, et al. 2013. Net primary productivity and rain-use efficiency as affected by warming, altered precipitation, clipping in a mixed-grass prairie. Global Change Biology, 19: 2753-2764.

Yahdjian L, Sala O E. 2002. A rainout shelter design for intercepting different amounts of rainfall. Oecologia, 133: 95-101.

Yu G R, Chen Z, Piao S L, et al. 2014. High carbon dioxide uptake by subtropical forest ecosystems in the East Asian monsoon region. Proceedings of the National Academy of Sciences of the United States of America, 111: 4910-4915.

第4章 模拟氮磷沉降野外控制实验的技术及规范[①]

4.1 背 景

大气氮沉降指大气中含氮化合物沉降进入生态系统的过程（Galloway et al.，2004），是全球氮循环的一个重要环节。根据氮沉降方式的差异，分为湿沉降和干沉降。湿沉降指大气中以铵离子和硝酸根离子为主的含氮物质随降雨及降雪等过程进入生态系统；而干沉降指含氮物质以气体（如一氧化氮、氧化亚氮、氨气和硝酸等）和无机盐（如硫酸铵和硝酸铵等）为主的形式，通过气溶胶的沉降作用或者尘埃方式输入陆地生态系统。根据干沉降物质类型的不同，可进一步将干沉降分为气体干沉降和颗粒物干沉降（盛文萍等，2010）。工业革命以来，化肥的广泛施用及有机含氮燃料的大量燃烧增加了全球活性氮的生产和排放，继而增大了全球大气氮沉降量。在 20 世纪 90 年代早期，全球自然过程产生的活性氮为 233 Tg N/a，而人类活动产生的活性氮排放量高达 389 Tg N/a，大约是 1860 年的 26 倍；同期大气氮沉降为 103 Tg N/a，较 1860 年约增加了 3 倍（Galloway et al.，2004）。随着人类社会经济发展和粮食生产的需要，未来由化肥施用和含氮燃料燃烧引起的大气氮沉降速率将会继续增加。有研究表明，在美国东北部、欧洲、中国、东南亚等人口密集和工业发达的地区，氮沉降速率较高（Galloway et al.，2004）。就中国而言，近些年大气氮沉降速率呈现持续增加的趋势（Liu et al.，2013b），于 2011~2015 年达到峰值（Yu et al.，2019），持续增加的大气氮沉降已使 15%的陆地生态系统超过了其富营养化临界值（Zhao et al.，2017）。

大气磷沉降指大气中含磷的化合物（主要是磷酸盐）通过降水或者重力作用降落到地表的过程，二者分别称为磷的湿沉降和干沉降。生态系统中的磷元素主要来自地表岩石和土壤矿物的风化（Walker and Syers，1976），其次是磷沉降。磷元素自地表进入大气之后，经大气传输，部分通过磷沉降过程供给一些缺磷的生态系统，如内陆湖泊（Camarero and Catalan，2012）、海洋（Wu et al.，2000）和热带森林（Okin et al.，2004）。在自然条件下，大气磷沉降主要来自粉尘传输，沉降量较小（1.0 Tg P/a），对全球磷循环影响微弱（Schlesinger and Bernhardt，2013）。然而，工业革命以来农业磷肥施用和含磷化石燃料与生物质的燃烧，导致大量的磷元素进入生态系统（Vitousek et al.，2010；Wang et al.，2015）。在受人类活动强烈干扰的农业生态系统和水生生态系统中，磷元素富集已经成为不争的事实（Camarero and Catalan，2012）。近些年来，随着全球磷沉降观测资料的增加，模型估算显示含磷化合物燃烧产生的磷排放达到 1.8 Tg P/a，贡献了 50%的全球大气磷，远高于传统观点中人为磷排放贡献不足 5%的认知（Mahowald et al.，2008）。与人为活动有关的磷排放增加了大气磷沉降，1960~2007 年全球大气磷沉降量

① 作者：马素辉，朱江玲，吉成均，朱彪，方精云；单位：北京大学

为 3.5 Tg P/a，其中 2.7 Tg P/a 沉降到陆地生态系统（Wang et al.，2015）。中国的磷沉降水平也较高，森林中总磷沉降速率为 0.7 kg P/（hm²·a），其中混合磷沉降速率约为 0.4 kg P/（hm²·a），冠层捕获的干沉降速率约为 0.3 kg P/（hm²·a）（Du et al.，2016）。

氮和磷是有机体的重要组成元素，调控着多种生物的生理过程。其中，氮元素参与调节植物光合作用和呼吸作用酶的合成，磷元素是 DNA、ATP 和所有细胞膜的关键组成成分（Schlesinger and Bernhardt，2013）。故而，土壤中氮和磷元素含量影响着生物的生长和活性，特别是在养分贫瘠的土壤中，氮和磷常常是限制性元素。为了缓解养分限制，施用肥料成为增加农作物产量和木材生产的重要措施之一（Baule，1975；Miller，1981；林全业，1993）。此外，研究还发现，适量大气氮磷沉降可改善土壤养分状况，提高植物光合作用速率和促进其生长（Thomas et al.，2010；Liang et al.，2020），增强陆地生态系统的固碳能力（Magnani et al.，2007；Song et al.，2019）。然而，过量氮沉降则会产生不利的影响（Schulze，1989）。早在 20 世纪 60 年代，人们就观察到工业排放的高浓度废气对周边森林乔木的生长具有不利的影响（Hepting，1964），而且工业废气中的含氮化合物和含硫化合物进入大气形成酸雨沉降，威胁森林生长（Johnson and Siccama，1983）。大气氮沉降速率升高能提高土壤中的可利用性氮（NH_4^+ 和 NO_3^-）含量，但植物吸收过多的 NH_4^+ 将不利于吸收 Mg^{2+}，引起植物叶片养分失衡，导致光合速率受到抑制。此外，过量的氮进入土壤后可能引起土壤酸化，改变土壤金属阳离子含量与组成（如降低 Ca^{2+}/Al^{3+} 与 Mg^{2+}/Al^{3+} 值），抑制植物根系生长（Schulze，1989）。因此，随着大气氮沉降的持续进行，生态系统面临氮饱和，多种生态过程将受到不利的影响。

4.2　模拟氮磷沉降对陆地生态系统影响的研究方法进展

为了评估氮磷沉降对陆地生态系统的影响，国内外学者开展了大量的研究工作。目前，关于模拟大气氮磷沉降对陆地生态系统结构和功能影响的研究主要采取以下 4 种控制实验形式。

（1）野外同位素示踪法

利用 ^{15}N（氮）和 ^{32}P（磷）同位素示踪技术，明晰氮与磷元素在生态系统中的分配、转化和迁移过程（Wang et al.，2018a）。该方法为研究氮磷元素循环提供了新工具，可精准揭示氮磷元素对生理过程的调控。缺点是测量精度要求高、操作困难、价格昂贵；另外，添加浓度低、频率高、累计输入量少，不能真实反映大气氮磷沉降对生态系统的长期影响。

（2）人工生态系统模型

通过在开顶箱等均质环境中种植植物构建模型生态系统（Egli et al.，1998；Liu et al.，2013a），对其进行氮磷添加处理，探究氮磷添加的影响。这种方法的优点是植物和土壤的异质性低，监测方便，可探究影响机制；缺点是不能反映野外植物的真实生长状况和自然生态系统的响应，结果的代表性不足。

（3）野外长期定位氮磷添加控制实验

在自然生态系统中，选择某一群落为研究对象，通过设置处理样方，开展长期氮磷添加与观测，探讨氮磷添加对该生态系统的影响及其机制。美国哈佛森林红松人工林和温带阔叶林的氮添加实验（Magill et al.，2004）及巴拿马巴罗科罗拉多自然保护区热带低地雨林的氮磷钾添加实验（Wright et al.，2011）便是此类实验的代表。这种方法的优点是可根据当地氮磷沉降背景设置添加速率，可开展多水平、多时间段和多指标的研究，易于解析作用机制；缺点是结果只能反映单一的生态系统类型，仅适用于局部地区。

（4）氮磷添加控制实验网络

氮磷添加控制实验网络是在大尺度上，由多个遵循统一实验设计的养分添加实验组成的研究网络。例如，欧洲的氮饱和试验（Nitrogen Saturation Experiment，NITREX）（Wright and van Breemen，1995），由来自 7 个欧洲国家的 10 项实验组成；中国森林养分添加实验（Nutrient Enrichment Experiments in China's Forests Project，NEECF；Du et al.，2013）网络，涵盖了从寒温带森林到热带森林的 10 个实验站点；在全球草地开展的营养网络（Nutrient Network，NutNet），由六大洲超过 130 个草地实验组成（Borer et al.，2014）。这种方法的优点是人为控制沉降水平和持续时间，通过跨气候带、多生态系统类型、多水平、多养分的长期定位观测生态系统的响应，以评估氮磷沉降对陆地生态系统结构及功能的影响；缺点是实验周期长，需要大量的人力、时间和经费支撑，部分网络站点的实验运行时长不一，影响结论推断。

与沿自然氮磷沉降梯度观测实验和模型模拟研究相比，养分添加控制实验是最为直接有效的方法，可模拟不同氮磷沉降情景，揭示氮素与磷素的调控机制。早期氮磷添加实验的研究地点较为分散，实验设计和持续时间差异较大，导致难以系统地评估氮磷沉降的生态效应。自 20 世纪 90 年代起，科学家开始在固定站点开展定位研究，或通过多个固定站点组建大型研究网络，研究范围不断拓宽。

4.3　全球氮磷添加野外控制实验特征

当前，全球陆地生态系统中已经开展了大量的氮磷添加控制实验，但这些实验在设计和方法等方面存在较大差异，且部分实验忽视了一些自然氮磷沉降过程，这无疑加大了不同实验结果的比较难度，也为深入理解养分添加对陆地生态系统的影响机制增添了挑战。因此，迫切需要梳理现有陆地生态系统中氮磷添加实验的实验方法，获得更为通用的方法体系和技术规范，为将来相关实验设计提供参考依据，推动对大气氮磷沉降生态效应的模拟与预测。

为此，笔者在 Web of Science 和 Google Scholar 数据库中搜索了全球 1970～2016 年发表的有关氮添加对陆地生态系统碳循环影响的研究文献，并查询了两个相关的荟萃分析（meta-analysis）所使用的案例文献（Yue et al.，2016；Song et al.，2019），最终获得 325 篇文献。若文献中不同实验的站点、开始时间、处理设置和植被类型均相同，则将它们归为同一实验。最终整理出来自七大洲 39 个国家与地区的 465 个氮添加控制实验，涵盖 201 个森林、163 个草地、56 个湿地、21 个苔原和 5 个荒漠等自然生态系统实验，以及 12 个农田生态系统实验。据此分析了主要的氮添加方法与技术，包括：添加剂量、添加频率、持续时间、肥料类型和样方面积等。此外，参考了有关磷添加实验的整合分析（Treseder，2004；Feng and Zhu，2019；Wright，2019；Hou et al.，2020），简述了磷添加控制实验的基本特征。

4.3.1　添加剂量

添加剂量是养分添加实验的关键参数之一，不同添加剂量的处理可用于模拟特定的沉降情景。氮添加实验中设置的氮添加处理数（不包括对照处理）存在很大差异，72% 的实验仅设置了 1 种氮添加处理（即无氮添加梯度），16% 的实验设置了 2 种处理，8% 的实验设置了 3 种处理，3 种处理以上的实验很少。

氮添加控制实验中添加剂量平均值为 117 kg N/（hm²·a），介于 2.4～640 kg N/（hm²·a）（图 4-1a）。其中，氮添加剂量小于 200 kg N/（hm²·a）的实验比例达 86%，尤其以 50～150 kg N/（hm²·a）进行施氮的实验最多。陆地主要生态系统间（图 4-1b），农田生态系统氮添加剂量最高［185 kg N/（hm²·a）］，森林［122 kg N/（hm²·a）］与草地［110 kg N/（hm²·a）］次之。

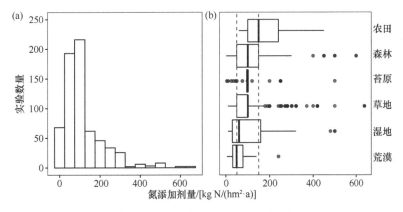

图 4-1　氮添加控制实验的添加剂量

考虑到未来大气氮沉降速率可能会持续改变（Galloway et al.，2004），多个添加剂量组成的施氮梯度处理能更好地模拟不同大气氮沉降水平对陆地生态系统碳循环等功能的影响。例如，NEECF 平台站点设置了 2 或 3 个氮添加水平［20 kg N/（hm²·a）或 25 kg N/（hm²·a）、50 kg N/（hm²·a）、100 kg N/（hm²·a）］模拟未来氮沉降速率增加的情景（Du et al.，2013）。也有实验为评估生态系统对适量和过量氮输入的响应设置了更大的氮梯度。例如，美国哈佛森林（Harvard Forest）氮添加实验设置了 50 kg N/（hm²·a）和 150 kg N/（hm²·a）2 种处理（Magill et al.，2004），中国鼎湖山氮添加实验设置了 50 kg N/（hm²·a）、100 kg N/（hm²·a）、150 kg N/（hm²·a）3 种处理（Mo et al.，2008）。需要注意的是，当前氮沉降速率增加与人类活动范围有关。随着与城市中心距离的增大，氮沉降速率减小，故而偏远乡村附近的自然生态系统中氮沉降速率较低（Du et al.，

2016)。这意味着，一些实验的氮添加剂量远高于实际大气氮沉降速率的背景值。例如，中国 2011～2015 年平均氮沉降速率为（20.4±2.6）kg N/（hm²·a）（Yu et al.，2019），远低于中国养分添加实验的添加剂量中位数 100 kg N/（hm²·a）。尽管较大剂量的氮添加能快速提高生态系统中氮的可利用性，但会造成土壤环境恶化（Lu et al.，2014），改变土壤微生物群落组成和活性（Zhang et al.，2018），最终影响到陆地生态系统碳和养分循环（Song et al.，2019）。由此可见，施氮剂量较低的实验结果能较好地预测大气氮沉降的生态效应，而添加剂量较高的实验结果有助于理解生态系统对高氮环境的响应与适应，但预测大气氮沉降的生态效应可能存在风险。

磷添加控制实验中添加剂量通常低于 200 kg P/（hm²·a），为 0～50 kg P/（hm²·a）、50～200 kg P/（hm²·a）、200～500 kg P/（hm²·a）和超过 500 kg P/（hm²·a）的实验占总实验数量的比例分别为 28%、41%、19%、12%（Hou et al.，2020）。由于热带土壤母质风化程度高，发育时间久，有效磷含量较低。因此，磷限制假说通常认为较低的土壤有效磷含量限制了热带植被的初级生产力（Wright，2019）。基于此假设，研究者在热带地区开展了大量的磷添加控制实验，以探究热带地区磷限制的格局和驱动因素等科学问题。在热带森林，控制实验磷的添加剂量较低，主要介于 50～100 kg P/（hm²·a），最大添加剂量为 150 kg P/（hm²·a）（Wright，2019）。实验中指标的响应与添加剂量有关，磷添加剂量越大，响应越强（Hou et al.，2020）。

4.3.2 添加频率

大气氮沉降对于生态系统的影响是缓慢而持久的，而氮添加实验是以脉冲式添加氮，故添加频率影响着用实验结果预测大气氮沉降的生态效应。受实验站点气候条件的影响，大多数氮添加控制实验在生长季进行氮添加处理（78%），其余实验为全年添加（图 4-2a），这类实验主要分布在全年适宜植物生长的亚热带和热带等低纬度地区。施氮频率主要为每月 1 次和每年 1 次（图 4-3b、c），仅部分实验采用高频率添加，为每周或者 2 周 1 次添加氮。不同生态系统中，森林、湿地、草地、苔原、荒漠和农田的添加频率依次降低（图 4-2d）。这可能与森林分布区域生长季长，而农田、苔原和草地等生态系统中生长季较短有关。

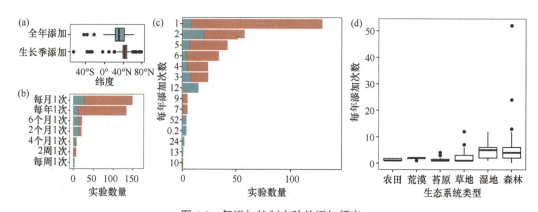

图 4-2　氮添加控制实验的添加频率

同一生态系统，相同剂量的氮以不同频率添加会产生不一致的影响。高频率的氮添加不仅能更有效地模拟持续缓慢进行的大气氮沉降，而且持续给土壤输入氮，有利于缓解植物和微生物对氮素的竞争。与之相比，低频率的氮添加造成短期内大量氮输入土壤，不仅使添加的氮更易通过挥发和淋溶等途径损失，而且造成土壤酸化（Zhang et al.，2015b；周纪东等，2016），强烈影响土壤异养呼吸等生态过程（Wang et al.，2018b；杨泽等，2020），最终改变生态系统结构和物质循环。例如，在同一氮添加剂量下，相对于每年 12 次高频率施氮，每年 2 次低频率氮添加导致草地植物物种丰富度（Zhang et al.，2014）、地下生产力（Wang et al.，2019）和细菌多样性更为显著地下降（Cao et al.，2020）。因此，低频率氮添加的实验结果用于评估大气氮沉降的生态效应可能存在较大偏差，而高频率添加实验的规律可能更具有现实指导意义。

4.3.3　持续时间

氮饱和假说认为，温带森林生态系统多种过程对氮添加的响应随时间增加呈现非线性响应（Aber et al.，1998）。大量的氮添加实验显示，持续时间对实验结果具有重要的影响。将研究中实验开始到最新一次采样时间的时长统计为实验持续时间。大多数氮添加控制实验持续时间较短，平均值为 4.8 年。其中，持续时间为 1～5 年的实验数量最多，占比高达 76%，0～10 年内的实验占比高达 90%，仅有少量实验持续运行了 10 年以上（图 4-3a）。不同生态系统之间，从荒漠、湿地、草地、森林、苔原到农田，实验持续时间不断增加（图 4-3b）。尽管持续时间并非实验的终止时间，却反映了氮添加处理时长的总体情况。大多数磷添加控制研究中实验持续时间也较短，0～5 年和 0～10 年所占比例分别高达 83% 和 93%（Hou et al.，2020）。由于研究目的、研究经费和人力等问题，短期实验已能满足快速响应系统的研究需求。然而，随着实验进行，土壤中养分含量持续增加，改变了原有土壤养分平衡和限制类型，部分生态系统过程对氮磷添加的响应呈现增强、减弱或者非线性特征（Sheppard et al.，2011；Liang et al.，2020），甚至适应富营养环境而无响应（Aber et al.，1998；Zhang et al.，2018）。此外，一些生态系统变化较为缓慢，短期内难以监测其动态，或者其处于不稳定的演替与恢复阶段，实验持续时间延长将有助于深入认识复杂生态系统的长期响应特征（Wright，2019）。

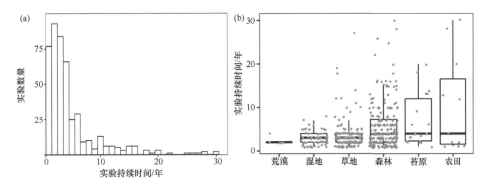

图 4-3　氮添加控制实验的持续时间

4.3.4 肥料类型

自然条件下，植物氮素利用偏好与自身及其环境有关。菌根共生关系的本质区别影响着生物地球化学循环和生态系统对氮沉降的响应，例如，丛枝菌根植物主要吸收铵态氮和硝态氮等无机氮，外生菌根植物可吸收有机氮（Treseder，2004；Thomas et al.，2010）。植物对铵态氮添加的响应相较于硝态氮更为积极（Yan et al.，2019）。这是因为吸收铵离子所消耗的能量低于硝酸盐，硝态氮在还原成铵态氮后才能被植物同化（Zerihun et al.，1998）。不过植物吸收过多的铵态氮将不利于吸收镁离子，导致光合速率受限。因此，生物体对于不同形态营养元素的利用存在差异，肥料类型影响着实验结果。

当前氮添加控制实验中使用最为广泛的含氮肥料主要为硝酸铵（NH_4NO_3）和尿素 [$CO(NH_2)_2$]（图 4-4a），其他类型的铵态氮和硝态氮化合物次之，不同形态氮混合使用的实验最少。以硝酸铵为氮源的实验主要集中在森林（图 4-4b），使用尿素的控制实验主要在草地、森林等生态系统（图 4-4c）。硝酸铵和尿素在控制实验中被广泛使用，与二者含氮量高（含氮量分别为 35% 和 46%），不含其他营养元素（如硫、钾和钙等）和便于野外操作等因素有关。就硝酸铵和尿素而言，有研究发现尿素对植物生长的促进作用大于硝酸铵（Yan et al.，2019），也有研究显示二者效应接近（Li et al.，2020）。当前大气氮沉降的氮组分及其比例在随着时间改变，美国氮沉降从以硝态氮为主转变到以铵态氮为主（Du et al.，2014），中国氮沉降变化趋势则相反（Yu et al.，2019）。因此，根据站点沉降中铵态氮和硝态氮的比例，将不同形态氮肥料按照一定比例混合添加的实验获得的结果更具可靠性。

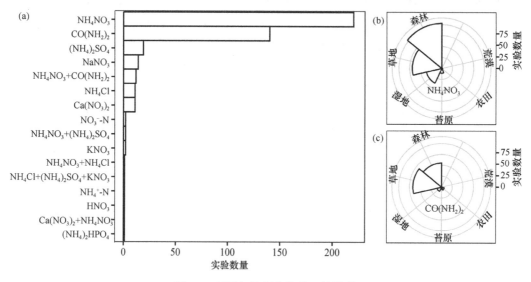

图 4-4　氮添加控制实验的肥料类型

除了上述固态氮添加，也有研究以喷氨气方式进行氮添加，这是基于植物叶片可直接吸收氨气的特性。在泥炭沼泽湿地开展的实验中观察到，当氨气干沉降量为 70 kg N/（hm²·a）时，仅需 3 年时间，沼泽植被盖度和组成便出现显著变化，对氮敏感的物种消失；相比之下，采用传统喷洒氯化铵溶液的模拟实验则需 5 年才能监测到这些现象（Sheppard et al.，2011）。该研究说明，大气氮沉降不仅通过增加土壤氮含量影响生态系统，还通过增强植物冠层叶片对氮的截留作用产生重要影响，后者需要在未来的森林及其他生态系统实验中加以考量。

磷添加实验中广泛使用的添加剂为磷化合物，主要包括过磷酸钙［$Ca(H_2PO_4)_2$］和重过磷酸钙［$Ca(H_2PO_4)_2 \cdot CaHPO_4$］（Hou et al.，2020），部分实验使用磷酸二氢钾（KH_2PO_4）、磷酸二氢钠（NaH_2PO_4）（Li et al.，2016）和磷酸氢钙（$CaHPO_4$）（Treseder，2004），这与植物主要吸收土壤中可溶性无机磷有关。

4.3.5　样方面积

实验样方的面积是控制实验的重要参数之一。面积越大，样方内生境越复杂，植物物种和生物量可能越多，故而较大面积样方能较好地反映当地植被类型特征。氮添加控制实验的样方面积介于 0.04～150 000 m^2，平均值为 593.74 m^2（图 4-5）。其中，湿地实验样方面积介于 0.04～1024 m^2，65%实验样方面积≤1 m^2；荒漠实验样方面积介于 0.25～600 m^2；苔原实验样方面积介于 0.05～400 m^2，分别有 36%实验样方面积在 1～5 m^2 和 10～100 m^2 范围；农田实验样方面积偏大，介于 30～222.11 m^2；草地实验样方面积平均为 68.10 m^2，介于 0.12～1232 m^2，59%实验样方面积在 5～100 m^2；森林实验样方面积平均值为 1344.88 m^2，介于 0.25～150 000 m^2，47%实验样方面积处于 100～500 m^2，27%超过 500 m^2。森林实验中部分样方很小（<5 m^2），这是因为一些研究仅关注氮添加对土壤理化性质、土壤微生物和植物幼苗的影响，或者是基于模型森林而开展的。

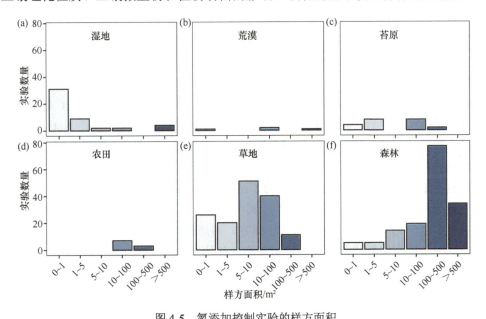

图 4-5　氮添加控制实验的样方面积

4.4 代表性氮磷添加控制实验

陆地生态系统中已开展的大量单点定位氮磷添加控制实验，为评估局地生态系统结构与过程对大气氮磷沉降的响应提供了充足的证据。然而，这些控制实验在方法与技术上的显著差异，阻碍了不同实验成果的有效比较，限制了对大气氮磷沉降生态效应的大尺度分析与综合评估。因此，建立采用统一实验设计和管理规范的实验网络显得尤为迫切与必要。此类网络可揭示氮磷沉降背景下生态系统的响应模式，明晰不同类型生态系统的适应机制，为制定科学合理的管理政策提供技术支撑。基于此，笔者对几个具有代表性的养分添加实验网络进行了介绍，包括一个草地养分添加实验网络和两个森林养分添加实验网络，以期为有待开展的控制实验提供参考依据。

4.4.1 草地氮磷添加实验网络

大气氮磷沉降正在深刻影响着全球陆地生态系统，如何将单个样点的研究结果整合到全球尺度，如何将单一站点观测发现的规律推广到其他站点和其他环境，是生态学研究中的一个重大挑战（Borer et al.，2014）。以往大量氮添加实验主要在单点单一生态系统中开展，特定背景环境限制了实验结果的推广，实验设计差异也增加了不同实验结果之间比较的难度。整合分析虽然能将不同站点之间的结果进行整合，并定量分析某一生态过程在大尺度乃至全球尺度的变化规律，但无法深入探讨调控机制。相比而言，跨气候带、多生态系统类型、采用相同实验设计和处理的长期定位实验网络可尝试揭示氮磷沉降对陆地生态系统结构和功能的影响及其潜在机制（Du et al.，2013；Borer et al.，2014）。基于此，分别介绍正在运行的草地和森林大型实验网络 NutNet 和 NEECF。

NutNet 是一个由分布在六大洲的 130 多个草地实验站点构成的养分添加网络，涵盖植被类型包括高草草地、荒漠化草地、高寒草甸和人工草场等。该网络重点关注草地生态系统中生物多样性与生产力的相互关系，二者在多大程度上受多种养分的共同限制，二者对养分添加和放牧的响应机制等科学问题（https://nutnet.org）。NutNet 是一个开放合作式的科学实验平台，接纳采用相同实验设计的标准站点加入。目前 NutNet 网络的实验站点数已从早期的 6 个增加到 130 多个，并且还在持续增加。在每个 NutNet 站点，实验均在面积约为 1000 m^2 的草地内进行，采用完全随机区组设计，包括 3 个区组，每个区组包括 10 个样方。每个实验样方为 5 m×5 m 地块，样方间隔至少 1 m。每个样方进一步划分为 4 个 2.5 m×2.5 m 子样方，其中一个子样方被指定为核心采样区域，该子样方进一步划分为 4 个 1 m×1 m 永久子样方，四周边缘 0.25 m 范围为缓冲区。永久子样方中的一个用于植物物种组成的长期监测，其他 3 个用于破坏性采样测量。

NutNet 实验添加氮、磷、钾等三种养分和其他微量元素（表 4-1），共计 8 种养分添加处理组合：对照处理、氮添加、磷添加、钾添加、氮磷添加、氮钾添加、磷钾添加、氮磷钾添加。该网络实验开始于 2007 年，每年生长季开始前一次性添加养分。使用缓释尿素作为氮源，可以释放 60～90 d。在无法获取尿素且已使用硝酸铵进行氮添加的实验中，在保证氮添加剂量为 100 kg/（hm^2·a）的前提下，需每年多次施用硝酸铵。

表 4-1　**NutNet 养分添加实验设计**（引自 https://nutnet.org）

养分	肥料名称	元素	添加剂量/ [kg/（hm²·a）]	添加频率
氮	缓释尿素	N	100	每年一次
磷	重过磷酸钙	P	100	每年一次
钾	硫酸钾	K	100	每年一次
微量元素	微量元素 混合物	Ca、Mg、S、B、Cu、Fe、 Mn、Mo、Zn	100	仅第一年施用一次

4.4.2　森林氮磷添加实验网络

NEECF 由分布在中国东部 7 个站点的 10 个森林养分添加实验组成，涵盖了北方森林、温带森林、亚热带森林和热带森林等代表性的森林生态系统，为评估中国不同类型森林生态系统结构和功能对大气氮磷沉降的响应提供了理想的研究平台（Du et al.，2013）。NEECF 平台的 7 个站点分别为：根河（50°56′N，121°30′E）、五营（48°07′N，129°11′E）、塞罕坝（42°25′N，117°15′E）、东灵山（39°58′N，115°26′E）、牯牛降（30°01′N，117°21′E）、武夷山（27°39′N，117°57′E）和尖峰岭（18°43′N，108°53′E）（图 4-6）。这些站点年均温介于 −5.4～20℃，年降水量介于 481～2198 mm（Ma et al.，2021）。

NEECF 实验采用完全随机区组设计，每个林型内设置 3 个区组，每个区组包含 3～6 种处理（表 4-2）。每个处理单元为 20 m×20 m 样方，样方间隔至少 10 m，以消除样方之间的相互影响。为了评估森林生态系统对于大气氮沉降速率增加的响应与适应，在每个实验中设置了添加速率梯度。其中，兴安落叶松原始林、红松针阔混交林、樟子松人工林、热带山地雨林原始林、热带山地雨林次生林等 5 个森林实验设置了 4 个氮添加梯度，落叶松人工林、蒙古栎林、白桦林、甜槠林、米槠林等森林实验设置了 3 个氮添加梯度。不同速率的氮添加用于模拟未来大气氮沉降升高 1～2 倍时的情景，其中高速率氮添加也能模拟高氮沉降情景或者生态系统富氮状况。为了能够直接比较不同森林实验的结果，各个实验均设置了相同的氮添加处理，即 0 kg N/（hm²·a）、50 kg N/（hm²·a）和 100 kg N/（hm²·a），实验结果可为理解大气氮沉降对全球森林结构与功能的影响提供参考依据。由于热带森林土壤磷可利用性低，生产力常被认为受到磷限制（Vitousek et al.，2010）。NEECF 的两个热带森林实验设置了氮磷交互添加处理：对照 [0 kg N/（hm²·a）+ 0 kg P/（hm²·a）]、氮添加 [50 kg N/（hm²·a）]、磷添加 [50 kg P/（hm²·a）] 和氮磷共同添加处理 [50 kg N/（hm²·a）+50 kg P/（hm²·a）]。

NEECF 平台主要使用硝酸铵作为氮源，使用过磷酸钙作为磷源。由于地区安全管制，塞罕坝和东灵山站点均采用尿素作为氮源。添加时，将相应质量的肥料溶解于 30 L 水，均匀喷洒到样方地表，对照样方喷洒等体积水，添加频率较高，为生长季每月一次。

4.4.3　森林冠层氮添加实验网络

大气中的氮素沉降进入生态系统时，铵态氮能够被冠层植物直接吸收，冠层氮截留

图 4-6　NEECF 实验站点的森林景观（修改自 Du et al.，2013）

森林（a）～（j）依次为表 4-2 中的 10 种林型

表 4-2　NEECF 养分添加实验设计（Du et al.，2013）

站点	生态系统	林型	氮沉降	肥料类型	添加速率	添加时间和频率	开始时间（年.月）
根河	北方森林	兴安落叶松原始林	6	NH_4NO_3	N: 0, 20, 50, 100	生长季每月一次	2010.5
五营	温带森林	红松针阔混交林	7	NH_4NO_3	N: 0, 20, 50, 100	生长季每月一次	2010.5
塞罕坝	温带森林	樟子松人工林	6	尿素	N: 0, 50, 100, 150	生长季每月一次	2009.8
	温带森林	落叶松人工林	6	尿素	N: 0, 20, 50	生长季每月一次	2010.5
东灵山	温带森林	白桦林	15	尿素	N: 0, 50, 100	生长季每月一次	2011.7
	温带森林	蒙古栎林	15	尿素	N: 0, 50, 100	生长季每月一次	2011.7
牯牛降	亚热带森林	甜槠林	11	NH_4NO_3	N: 0, 50, 100	全年，每月一次	2011.3
武夷山	亚热带森林	米槠林	16	NH_4NO_3	N: 0, 50, 100	全年，每月一次	2011.6
尖峰岭	热带森林	热带山地雨林原始林	25	$NH_4NO_3 + Ca(H_2PO_4)_2$	N: 0, 25, 50, 100 P: 0, 50, N: 50 + P: 50	全年，每月一次	2010.9
	热带森林	热带山地雨林次生林	25	$NH_4NO_3 + Ca(H_2PO_4)_2$	N: 0, 25, 50, 100 P: 0, 50, N: 50 + P: 50	全年，每月一次	2010.9

注：氮沉降单位为 kg N/（hm^2·a），氮添加速率单位为 kg N/（hm^2·a），磷添加速率单位为 kg P/（hm^2·a）

是生物地球化学循环的一个重要过程。有研究发现，山区与农田接壤的森林冠层植物会吸收农田释放出来的氨气（Langford and Fehsenfeld，1992），吸收速率可达 20 kg N/（hm^2·a）（Hutchinson et al.，1972）。冠层植物吸收氮可促进叶片光合作用和提高森林生产力（Wortman et al.，2012），也会改变到达地表的铵态氮和硝态氮之比（Houle et al.，2015），影响土壤氮循环过程和生物活性（Zhang et al.，2015a）。因此，在以低矮植物为主的草地、苔原、农田、荒漠和湿地生态系统中，人为添加的氮通常能够抵达植物冠层，部分氮会被叶片吸收利用。在森林生态系统中，冠层树木高大，人为氮添加只能作用于林下植物和森林地表，故林下氮添加实验未能揭示大气氮沉降对森林冠层生物过程的影响。这种不足制约着大气氮沉降背景下对森林生态系统动态的模拟与预测。

　　基于此，一些研究尝试使用新技术模拟森林冠层的自然氮沉降过程。在美国缅因州霍兰德云冷杉林中使用直升机在生长季向树冠喷洒硝酸铵溶液［18 kg N/（hm²·a）］，以评估针叶林对大气氮沉降的响应（Gaige et al.，2007）（图 4-7a）。在美国西弗吉尼亚州费诺森林中也使用飞机喷洒硫酸铵来模拟氮沉降的影响（Fernandez et al.，2010）。英国苏格兰地区的增强捕获氨减排（AMBER）实验使用长度为 40 m 的通气管将氨气释放到森林冠层，模拟了冠层植物对氨气的吸收（Cape et al.，2010）。然而，此类实验技术难度高、耗资巨大，相关技术未能在其他实验中广泛应用，且此类实验未系统地比较冠层氮添加和林下氮添加对森林生态系统影响的差异，故使用冠层氮添加实验的结果难以更深入地评估林下氮添加实验的整体生态效应。

为了系统评估冠层氮添加对森林生态系统的影响及其与林下添加的差异，学者在中国河南鸡公山国家级自然保护区（31°46′N，114°05′E）和广东石门台国家级自然保护区（24°22′N，113°05′E）中均开展了冠层和林下氮添加控制实验（Zhang et al.，2015a）（图 4-7b）。两组实验均采用随机区组设计，每个森林内设置 4 个区组（即 4 个重复），每个区组随机设置 5 种养分添加处理：对照［0 kg N/(hm²·a)］、林冠低氮添加［25 kg N/(hm²·a)］、林冠高氮添加［50 kg N/（hm²·a）］、林下低氮添加［25 kg N/（hm²·a）］、林下高氮添加［50 kg N/（hm²·a）］。对照和林下氮添加处理样方为边长 30 m 的正方形，面积为 900 m²，林冠氮添加处理样方是直径为 34 m 的圆形样方，面积约为 907 m²。每个林冠圆形样方中心建一座高 35 m 的铁塔，塔顶安装一套总喷洒范围可覆盖整个样方的摇臂喷头。林冠添加时，将所需的硝酸铵溶解于水中，驱动摇臂喷头 360°旋转，以保证喷洒的均匀性、精确性和可达性。林下添加时，将硝酸铵溶解于水中，采用背式电动喷雾器在样方里来回均匀喷洒，对照样方喷洒与林下添加样方等体积的水，消除由水分带来的系统误差。氮添加实验开始于 2013 年，4～10 月每月添加一次，每年共计 7 次。

图 4-7　冠层氮添加实验
（a）霍兰德森林实验（Gaige et al.，2007）；（b）鸡公山森林实验（Zhang et al.，2015a）

4.5　总结与展望

人为大气氮磷沉降的增加正在显著地改变着陆地生态系统的养分可利用性，植被生产力养分限制的缓解能增大陆地生态系统的固碳能力，减缓温室气体排放造成的全球气候变化。尽管有多种评估和模拟大气氮沉降影响的研究方法，但是氮磷添加控制实验是当前评估陆地生态系统结构与功能对氮磷沉降响应最为直接有效的手段。通过收集 325 篇氮添加控制实验文献，梳理 465 个氮添加控制实验的技术方法，包括添加剂量、添加频率、持续时间、肥料类型和样方面积；同时通过已有的磷添加整合分析，梳理了磷添加实验的技术方法。另外，介绍了当前代表性的氮磷添加实验网络，包括针对草地生态系统开展的 NutNet，针对森林生态系统开展的 NEECF，以及关注森林冠层和林下添加差异的中国鸡公山和石门台森林氮添加实验。这些实验的技术和标准可为将来开展控制实验的研究工作者提供可靠的参考依据，有助于提高新增控制实验的合理性和可比性，促进全球大气氮磷沉降对陆地生态系统结构与过程影响的模拟和预测。

大气氮磷以多种元素形态持续沉降到陆地生态系统。由于研究经费、时间和人员的不足，以及当地政策限制等多种因素，当前实验在模拟氮磷沉降中也存在一些问题。第一，大多数实验未设置养分添加梯度，难以模拟大气沉降速率变化产生的影响；第二，氮磷添加频率低，大量氮磷元素在短期内以脉冲形式输入生态系统，造成评估的偏差；第三，实验持续时间短，急需加强监测复杂生态系统对养分输入的长期响应；第四，施用包含其他营养元素的肥料会掩盖氮磷添加的效应；第五，氮添加实验中较少考虑铵态氮和硝态氮的比例以及干湿氮素比例，未能充分考虑大气沉降中的氮素组成与沉降方式。由不同的添加剂量、添加频率、持续时间、肥料类型和样方面积对同一生态系统过程的影响是否存在差异仍然有待更多的实验进行验证。

综上所述，在未来模拟氮磷沉降的养分添加实验中，需要充分考虑沉降速率、添加频率、持续时间、肥料类型及添加方式，并针对其中一项或者多项做出相应的改进和提升。例如，有研究建议，相比传统的林下施用氮溶液方式（图 4-8a），未来森林氮添加实验应采用林冠添加法（图 4-8b），不仅以液态喷洒形式模拟湿沉降，还应施用气态和颗粒态氮以模拟干沉降（图 4-8c）（Pan et al.，2020），从而更加全面地刻画大气氮沉降过程及其生态环境效应。

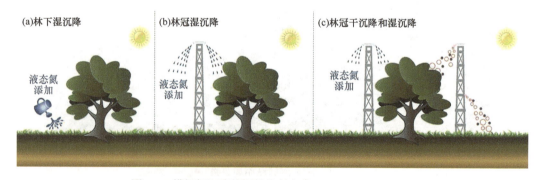

图 4-8　模拟氮沉降的野外控制实验（Pan et al.，2020）
（a）传统的林下施氮方式（模拟湿沉降）；（b）林冠施氮方式（模拟湿沉降）；（c）未来模拟林冠干、湿沉降的方式（模拟不同氮沉降形式：干、湿沉降；不同形态的氮，包括氧化态和还原态，尤其是氨气）

参 考 文 献

林全业. 1993. 林木施肥研究综述. 山东农业大学学报, 4: 479-482.

盛文萍, 于贵瑞, 方华军, 等. 2010. 大气氮沉降通量观测方法. 生态学杂志, 29(8): 1671-1678.

杨泽, 嘎玛达尔基, 谭星儒, 等. 2020. 氮添加量和施氮频率对温带半干旱草原土壤呼吸及组分的影响. 植物生态学报, 44(10): 1059-1072.

周纪东, 史荣久, 赵峰, 等. 2016. 施氮频率和强度对内蒙古温带草原土壤 pH 及碳、氮、磷含量的影响. 应用生态学报, 27(8): 2467-2476.

Aber J, McDowell W, Nadelhoffer K, et al. 1998. Nitrogen saturation in Temperate Forest Ecosystems: hypotheses revisited. BioScience, 48: 921-934.

Baule H. 1975. World-wide use of fertilizer in forestry at present and in the near future. South African Forestry Journal, 94: 13-19.

Borer E T, Harpole W S, Adler P B, et al. 2014. Finding generality in ecology: a model for globally distributed experiments. Methods in Ecology and Evolution, 5: 65-73.

Camarero L, Catalan J. 2012. Atmospheric phosphorus deposition may cause lakes to revert from phosphorus limitation back to nitrogen limitation. Nature Communications, 3: 1118.

Cao J, Pang S, Wang Q B, et al. 2020. Plant-bacteria-soil response to frequency of simulated nitrogen deposition has implications for global ecosystem change. Functional Ecology, 34: 723-734.

Cape J N, Sheppard L J, Crossley A, et al. 2010. Experimental field estimation of organic nitrogen formation in tree canopies. Environmental Pollution, 158: 2926-2933.

Du E Z, de Vries W, Galloway J N, et al. 2014. Changes in wet nitrogen deposition in the united states between 1985 and 2012. Environmental Research Letters, 9: 095004.

Du E Z, de Vries W, Han W X, et al. 2016. Imbalanced phosphorus and nitrogen deposition in China's forests. Atmospheric Chemistry and Physics, 16: 8571-8579.

Du E Z, Zhou Z, Li P, et al. 2013. NEECF: A project of nutrient enrichment experiments in China's forests. Journal of Plant Ecology, 6: 428-435.

Egli P, Maurer S, Günthardt-GoerG M S, et al. 1998. Effects of elevated CO_2 and soil quality on leaf gas exchange and above-ground growth in beech-spruce model ecosystems. New Phytologist, 140: 185-196.

Feng J G, Zhu B. 2019. A global meta-analysis of soil respiration and its components in response to phosphorus addition. Soil Biology and Biochemistry, 135: 38-47.

Fernandez I J, Adams M B, SanClements M D, et al. 2010. Comparing decadal responses of whole-watershed manipulations at the Bear Brook and Fernow experiments. Environmental Monitoring and Assessment, 171: 149-161.

Gaige E, Dail D B, Hollinger D Y, et al. 2007. Changes in canopy processes following whole-forest canopy nitrogen fertilization of a mature spruce-hemlock forest. Ecosystems, 10: 1133-1147.

Galloway J N, Dentener F J, Capone D G, et al. 2004. Nitrogen cycles: past, present, future. Biogeochemistry, 70: 153-226.

Hepting G H. 1964. Damage to forests from air pollution. Journal of Forestry, 62: 630-634.

Hou E Q, Luo Y Q, Kuang Y M, et al. 2020. Global meta-analysis shows pervasive phosphorus limitation of aboveground plant production in natural terrestrial ecosystems. Nature Communications, 11: 637.

Houle D, Marty C, Duchesne L. 2015. Response of canopy nitrogen uptake to a rapid decrease in bulk nitrate deposition in two eastern canadian boreal forests. Oecologia, 177: 29-37.

Hutchinson G L, Millington R J, Peters D B. 1972. Atmospheric ammonia: absorption by plant leaves. Science, 175: 771-772.

Johnson A H, Siccama T G. 1983. Acid deposition and forest decline. Environmental Science and Technology, 17: 294-305.

Langford A O, Fehsenfeld F C. 1992. Natural vegetation as a source or sink for atmospheric ammonia: a case study. Science, 255: 581-583.

Li W B, Zhang H X, Huang G Z, et al. 2020. Effects of nitrogen enrichment on tree carbon allocation: a global synthesis. Global Ecology and Biogeography, 29: 573-589.

Li Y, Niu S L, Yu G R. 2016. Aggravated phosphorus limitation on biomass production under increasing nitrogen loading: a meta-analysis. Global Change Biology, 22: 934-943.

Liang X Y, Zhang T, Lu X K, et al. 2020. Global response patterns of plant photosynthesis to nitrogen addition: a meta-analysis. Global Change Biology, 26: 3585-3600.

Liu J X, Huang W J, Zhou G Y, et al. 2013a. Nitrogen to phosphorus ratios of tree species in response to elevated carbon dioxide and nitrogen addition in subtropical forests. Global Change Biology, 19: 208-216.

Liu X J, Zhang Y, Han W X, et al. 2013b. Enhanced nitrogen deposition over China. Nature, 494: 459-462.

Lu X K, Mao Q G, Gilliam F V S, et al. 2014. Nitrogen deposition contributes to soil acidification in tropical ecosystems. Global Change Biology, 20: 3790-3801.

Ma S H, Chen G P, Du E Z, et al. 2021. Effects of nitrogen addition on microbial residues and their contribution to soil organic carbon in China's forests from tropical to boreal zone. Environmental Pollution, 268: 115941.

Magill A H, Aber J D, Currie W S, et al. 2004. Ecosystem response to 15 years of chronic nitrogen additions at the harvard forests LTER, Massachusetts, USA. Forest Ecology & Management, 196: 7-28.

Magnani F, Mencuccini M, Borghetti M, et al. 2007. The human footprint in the carbon cycle of temperate and boreal forests. Nature, 447: 849-851.

Mahowald N, Jickells T D, Baker A R, et al. 2008. Global distribution of atmospheric phosphorus sources, concentrations and deposition rates, anthropogenic impacts. Global Biogeochemical Cycles, 22: GB4026.

Miller H G. 1981. Forest fertilization: Some guiding concepts. Forestry, 54: 157-167.

Mo J M, Zhang W, Zhu W X, et al. 2008. Nitrogen addition reduces soil respiration in a mature tropical forest in southern China. Global Change Biology, 14: 403-412.

Okin G S, Mahowald N, Chadwick O A, et al. 2004. Impact of desert dust on the biogeochemistry of phosphorus in terrestrial ecosystems. Global Biogeochemical Cycles, 18: GB2005.

Pan Y P, Tian S L, Wu D M, et al. 2020. Ammonia should be considered in field experiments mimicking nitrogen deposition. Atmospheric and Oceanic Science Letters, 13: 248-251.

Schlesinger W H, Bernhardt E S. 2013. Chapter 5 - The Biosphere: The carbon cycle of terrestrial ecosystems // Schlesinger W H, Bernhardt E S. Biogeochemistry: An Analysis of Global Change. 3rd ed. Boston: Academic Press: 135-172.

Schulze E D. 1989. Air pollution and forest decline in a spruce (*Picea abies*) forest. Science, 244: 776-783.

Sheppard L J, Leith I D, Mizunuma T, et al. 2011. Dry deposition of ammonia gas drives species change faster than wet deposition of ammonium ions: evidence from a long-term field manipulation. Global Change Biology, 17: 3589-3607.

Song J, Wan S J, Piao S L, et al. 2019. A meta-analysis of 1, 119 manipulative experiments on terrestrial carbon-cycling responses to global change. Nature Ecology and Evolution, 3: 1309-1320.

Thomas R Q, Canham C D, Weathers K C, et al. 2010. Increased tree carbon storage in response to nitrogen deposition in the US. Nature Geoscience, 3: 13-17.

Treseder K K. 2004. A meta-analysis of mycorrhizal responses to nitrogen, phosphorus, atmospheric CO_2 in field studies. New Phytologist, 164: 347-355.

Vitousek P M, Porder S, Houlton B Z, et al. 2010. Terrestrial phosphorus limitation: mechanisms, implications, nitrogen-phosphorus interactions. Ecological Applications, 20: 5-15.

Walker T W, Syers J K. 1976. The fate of phosphorus during pedogenesis. Geoderma, 15: 1-19.

Wang A, Zhu W X, Gundersen P, et al. 2018a. Fates of atmospheric deposited nitrogen in an asian tropical primary forest. Forest Ecology and Management, 411: 213-222.

Wang J, Gao Y Z, Zhang Y H, et al. 2019. Asymmetry in above-and belowground productivity responses to N addition in a semi-arid temperate steppe. Global Change Biology, 25: 2958-2969.

Wang R Z, Zhang Y H, He P, et al. 2018b. Intensity and frequency of nitrogen addition alter soil chemical properties depending on mowing management in a temperate steppe. Journal of Environmental Management, 224: 77-86.

Wang R, Balkanski Y, Boucher O, et al. 2015. Significant contribution of combustion-related emissions to the atmospheric phosphorus budget. Nature Geoscience, 8: 48-54.

Wortman E, Tomaszewski T, Waldner P, et al. 2012. Atmospheric nitrogen deposition and canopy retention influences on photosynthetic performance at two high nitrogen deposition swiss forests. Tellus B: Chemical and Physical Meteorology, 64: 17216.

Wright R F, van Breemen N. 1995. The NITREX project: an introduction. Forest Ecology and Management, 71: 1-5.

Wright S J. 2019. Plant responses to nutrient addition experiments conducted in tropical forests. Ecological Monographs, 89: e01382.

Wright S J, Yavitt J B, Wurzburger N, et al. 2011. Potassium, phosphorus, or nitrogen limit root allocation, tree growth, or litter production in a lowland tropical forest. Ecology, 92: 1616-1625.

Wu J F, Sunda W, Boyle E A, et al. 2000. Phosphate depletion in the western north atlantic ocean. Science, 289: 759-762.

Yan L M, Xu X N, Xia J Y. 2019. Different impacts of external ammonium and nitrate addition on plant growth in terrestrial ecosystems: a meta-analysis. Science of the Total Environment, 686: 1010-1018.

Yu G R, Jia Y L, He N P, et al. 2019. Stabilization of atmospheric nitrogen deposition in China over the past decade. Nature Geoscience, 12: 424-429.

Yue K, Peng Y, Peng C H, et al. 2016. Stimulation of terrestrial ecosystem carbon storage by nitrogen addition: a meta-analysis. Scientific Reports, 6: 19895.

Zerihun A, McKenzie B A, Morton J D. 1998. Photosynthate costs associated with the utilization of different nitrogen-forms: influence on the carbon balance of plants and shoot-root biomass partitioning. New Phytologist, 138: 1-11.

Zhang T A, Chen H Y H, Ruan H H. 2018. Global negative effects of nitrogen deposition on soil microbes. The ISME Journal, 12: 1817-1825.

Zhang W, Shen W J, Zhu S D, et al. 2015a. Can canopy addition of nitrogen better illustrate the effect of atmospheric nitrogen deposition on forest ecosystem? Scientific Reports, 5: 11245.

Zhang Y H, Feng J C, Isbell F, et al. 2015b. Productivity depends more on the rate than the frequency of N addition in a temperate grassland. Scientific Reports, 5: 12558.

Zhang Y H, Lü X T, Isbell F, et al. 2014. Rapid plant species loss at high rates and at low frequency of N addition in temperate steppe. Global Change Biology, 20: 3520-3529.

Zhao Y H, Zhang L, Chen Y F, et al. 2017. Atmospheric nitrogen deposition to China: a model analysis on nitrogen budget and critical load exceedance. Atmospheric Environment, 153: 32-40.

第 5 章 自然干扰实验的技术及规范[①]

5.1 背　景

干扰是指破坏生态系统、群落或种群结构并改变资源与底物的可利用性的离散事件（Pickett and White，1985）。总体上，干扰可分为自然干扰和人为干扰，而自然干扰又包括火烧、病虫害和飓风等。研究表明，自然干扰是陆地生态系统动态变化的重要驱动力之一（Kuemmerle et al.，2011），会显著改变群落结构并影响生态系统与大气之间的生物地球化学循环（Schimel et al.，2001；Masek and Collatz，2006）。例如，对加拿大的野火干扰研究表明，火烧干扰会显著改变森林-大气净碳交换的方向（Chen et al.，2000；Stinson et al.，2011）。在 1959~1999 年，加拿大森林大火产生的直接碳排放量约为每年 0.027 Pg，并且在未来的气候变化情景下，这种碳排放还会增加（Amiro，2001）。同样，在 2002~2006 年，美国森林火烧产生的碳排放量约为每年 0.06 Pg，大约相当于美国化石燃料排放量的 4%（Wiedinmyer and Neff，2007）。除野火干扰外，病虫害的暴发也会显著改变陆地生态系统的碳循环。研究表明，在近几十年内，病虫害的暴发影响了北美数百万公顷森林，并被预测在未来暴发程度和严重性都会增加，可能会对北美地区未来的碳平衡产生更大的影响（Kurz et al.，2008；Raffa et al.，2008）。这些观测结果共同表明，不同类型的自然干扰对生态系统碳循环的影响均不容忽视，量化它们对生态系统碳库和碳通量的影响对准确理解区域碳平衡具有重要的意义（Liu et al.，2011）。下面将主要针对火干扰和病虫害干扰的研究方法进行介绍。

5.2 火干扰研究方法

5.2.1 火干扰观测实验方法总结与对比

火干扰是自然生态系统最主要的干扰之一。火干扰通过改变自然生态系统的格局与过程，进而改变整个系统的碳循环过程与碳分配，对生态系统碳循环产生深刻的影响。正确评估火干扰在碳循环中的作用，将有力地推动全球碳循环研究进程（吕爱锋等，2005）。火势（fire regime）是火干扰的一个重要属性，是对某一生态系统长时间内火干扰自然属性的描述，包括火干扰的强度、频率、季节性、大小、类型以及破坏性。不同的火势对碳循环的影响程度与过程也是不同的。大量研究表明，随着全球气温的升高，火干扰的频率、破坏性会升高，干扰历时也会随之变长（Mouillot et al.，2002；Pellegrini et al.，2018），这使得火干扰对碳循环的影响不仅成为科研界的热点，也引起了政府部

---

① 作者：陈蕾伊，冯雪徽；单位：中国科学院植物研究所

门的极大关注。目前有关野外火干扰对生态系统碳循环影响的观测研究主要采用野外控制实验（控制火干扰频率和强度）和野外火烧迹地对比调查的方法进行（表 5-1）。由于野外模拟火烧的控制实验具有火势蔓延的风险，该方法在很多区域都被限制使用。因此，目前科研人员更为普遍地采用野外火烧迹地对比调查的方法来研究火干扰对生态系统结构和功能的影响。

表 5-1　火干扰观测实验方法总结

方法	优点	缺点	例子
野外控制实验	不受野外火烧时间和频率的限制，可根据实验需要设置不同火烧频率和强度	具有火势蔓延的风险，在很多地区受政策限制	Reich et al.，2001；Pellegrini et al.，2015；Ludwig et al.，2018
野外火烧迹地对比调查	无风险，方便实验布置，不受政策限制	在自然火干扰后才能进行，实验开展时间受限	Taş et al.，2014；Scharenbroch et al.，2012；Flanagan et al.，2020

5.2.2　火干扰野外控制实验的特点与关键参数

现有火干扰野外控制实验通常设置不同水平的火烧频率来探究火烧频率对生态系统结构和功能的影响，野外实验的关键参数设置如表 5-2 所示。火烧频率是火干扰实验最为重要的参数。该指标需要根据当地生态系统自然火烧频率来设置，通常可设置为对照（无火烧）、自然火烧频率、2 倍于自然火烧频率、3 倍于自然火烧频率等。例如，当地自然火烧频率为每 3 年火烧 1 次，则可将控制实验的频率定为：对照、每 3 年火烧 1 次（自然频率）、每 2 年火烧 1 次和每年火烧 1 次。此外，火烧处理的季节也通常按照自然火烧多发季节来设定。

表 5-2　火干扰野外控制实验的关键参数设置

关键参数	设置水平及依据	参考文献
火烧频率	对照（无火烧）、自然火烧频率（如每 4 年烧 1 次）、2 倍于自然火烧频率（每 2 年烧 1 次）、每年火烧 1 次等多个水平；现有最常见的设置为 3 个火烧频率水平	Roscoe et al.，2000；Pellegrini et al.，2015；Mayor et al.，2016
火烧季节	根据自然火烧多发季节设定	Kitchen et al.，2009；Mayor et al.，2016
火烧强度	通常为低强度，因为实验小区范围有限	Reich et al.，2001

5.2.3　野外火烧迹地对比调查

由于人为控制火烧存在一定的风险，因此现有火干扰实验大多还是基于对自然火干扰事件进行跟踪研究。总体而言，对于自然火干扰的研究方法主要可概括为以下两种。

（1）火灾数据分析

通过收集火灾资料，设置样地进行调查研究，收集该地区的火灾发生历史，研究分析该地区的火干扰发生频率特征、间隔期的变化特征、季节的变化特征、年际变化特征等，这是一种较为基础的研究方法，比较适用于小尺度样地，所得数据精度较高，方便分析比较。

（2）火烧迹地野外调查对比研究

火烧迹地野外调查对比研究方法基于地面调查的综合火烧指数（composite burn index，CBI），CBI 是美国林务局进行林火烈度评价最常用的林火野外调查标准。对于火烧迹地野外调查样地，根据历史火烧数据确定距离上次火烧的时间，采用综合火烧指数（CBI）反映火烧烈度，在调查样地内，按森林垂直结构分 5 个层次进行调查：①地表可燃物、土壤；②草本、低矮灌木和<1 m 高的幼树层；③高大灌木和 1～5 m 的乔木层；④次林冠层（5～20 m）；⑤主林冠层（>20 m）。与此同时，在火烧迹地附近设置无火烧的对照样地，对比研究火烧对生态系统各指标的影响。

5.2.4 典型火干扰野外控制实验

5.2.4.1 火烧频率野外控制实验

火和养分的相互作用会显著改变草地生态系统的群落结构与功能，但这些相互作用的结果既复杂又鲜为人知。尽管该领域已开展大量研究，但由于长时间尺度火烧控制实验的缺乏，学术界对于火烧对热带稀树草原养分及植物化学计量和群落组成的潜在作用的认识还存在分歧。换言之，一个关键但尚未解决的科学问题是，由火烧引起的碳和养分的短期损失是否会引起植物养分化学计量关系或固氮树种相对多度在长时间尺度产生补偿性响应。

Pellegrini 等（2015）基于南非克鲁格国家公园（Kruger National Park）的长期（～60 年）火干扰实验研究了：①火烧对生态系统尺度碳氮磷元素分布的影响；②火烧对植物地上和地下碳∶氮∶磷化学计量关系的影响；③火烧对植物功能群丰富度的影响。在克鲁格国家公园的长期火干扰实验是全球最长时间的控制火烧实验，该实验始于 1954 年，设置了 4 种火烧频率：对照，每 3 年火烧 1 次（当地自然火烧发生频率），每 2 年火烧 1 次（本实验没有在该处理取样）和每年火烧 1 次。研究发现，降低火烧频率能够显著提高土壤中碳氮含量，但对土壤磷含量无显著影响。降低火烧频率同样也提高了木本植物的碳氮磷含量，但对草本植物养分元素的影响相对较小，对照只与每年火烧处理组存在差异（图 5-1）。土壤元素的改变主要是由火烧对草本植物生物量的影响造成的，木本植物生物量对土壤碳氮元素的贡献相对较小。此外，火烧对植物的化学计量关系以及植物群落组成均无显著影响。这些结果共同表明，与温带草原生态系统和森林生态系统不同，热带稀树草原植物群落在生态系统尺度上可以高度抵抗火灾引起的养分流失。

5.2.4.2 整合分析——火烧频率对土壤碳氮含量的影响

火干扰是陆地生态系统碳循环的重要影响因子，它改变着整个系统的碳循环过程与碳分布格局。因此，正确评估火干扰在碳循环过程中的作用，明确生态系统对火烧频率变化的响应，对认识未来陆地生态系统碳源汇至关重要。尽管现有研究已很好地描述了植物生物质燃烧对碳通量的影响，但是，尚不清楚火干扰对土壤碳和养分储量的长期影响，以及火灾导致的养分流失是否会限制植物的生产力。这使得利用现有模型预测火烧对生态系统碳循环的影响仍存在很大挑战。

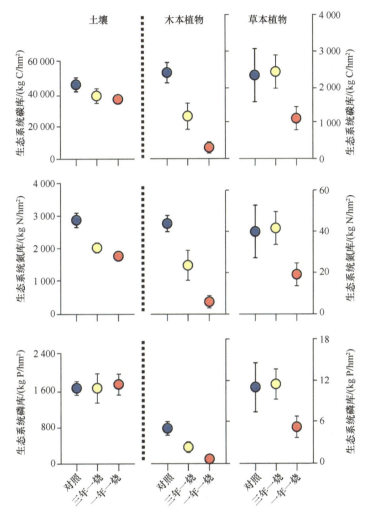

图 5-1　火烧处理后的总生态系统碳氮磷库的变化
左侧 *Y* 轴指示土壤库，右侧 *Y* 轴指示植物库

Pellegrini 等（2018）通过全球 48 个地点不同植被类型（如稀树草原、阔叶林和针叶林）长达 65 年数据的整合分析，探究了火烧频率对全球土壤碳氮含量的影响。研究发现，总体上，与防止火灾发生的小区相比，火烧频率较高的小区表层土壤的碳含量在64 年后均呈现下降趋势，分别减少 36% 和 38%（图 5-2）。火烧引起的土壤碳氮含量的变化与生态系统类型有关，其中，碳和氮的损失主要发生在稀树草原和阔叶林中，但在温带和北方针叶林中碳氮含量则呈现上升趋势。进一步地，利用独立的实地数据集和全球植被动态模型进行模拟，也同样得到了类似的土壤碳氮损失结果。模型研究预测，频繁火烧造成的土壤氮损失可能将减少生态系统通过净初级生产力实现的碳固定，碳的损

失量相当于同期燃烧生物质排放的总碳量的 20%。未来火烧频率的变化可能会通过改变土壤碳库和植物生长的氮限制来改变生态系统碳储量，从而影响经常发生火烧的热带稀树草原和阔叶林的碳汇能力。

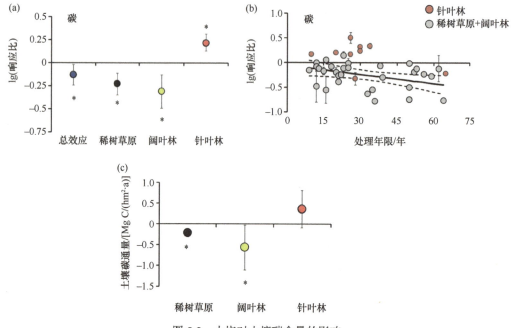

图 5-2　火烧对土壤碳含量的影响

（a）碳含量的响应比（火烧处理组的碳含量除以对照组的碳含量）。（b）碳含量响应比与研究时间的回归关系，包括稀树草原（SG）和阔叶林（BL）。粉色点代表针叶林（NL）数据，该数据未用于回归分析。（c）碳通量，为碳含量的绝对变化速率，负值表示频繁的火烧导致碳损失。*表示火烧处理组与对照组存在显著差异（$P < 0.05$）

5.3　病虫害干扰研究方法

5.3.1　病虫害干扰研究方法总结与对比

5.3.1.1　病虫害干扰研究方法的特点

作为时间上的离散事件，生物干扰会显著影响植物的生理生态特征，从而调控陆地生态系统的生物地球化学循环（Kurz et al.，2008；Edburg et al.，2012）。病虫害是典型的生物干扰形式，其引起的破坏可能导致植物生长减慢甚至死亡。研究表明，全球气候变化会通过影响害虫的存活和传播来增加病虫害暴发或侵袭的强度及频率（"生物干扰"；Hicke et al.，2012），进而对生态系统碳动态产生严重影响（Kurz et al.，2008）。现有研究表明，病虫害暴发通常会降低地上植物生物量（Zvereva et al.，2010），也会降低地下植物根系生物量和土壤碳储量（Zhang et al.，2015）。但与此同时，病虫害的暴发也会提高土壤中可溶性碳含量以及土壤碳排放（Zhang et al.，2015）。现有对病虫害干扰的研究方法一般分为两类（表 5-3）：一类为病虫害的模拟或控制实验；另一类为病虫害自然暴发后的对比研究。下面将分别介绍这两类研究方法及其典型案例。

表 5-3　病虫害干扰研究方法总结

方法	设置	特点	例子
病虫害模拟或控制实验	（1）通过引入害虫，或利用杀虫剂/杀菌剂去除病虫害，设置有病虫害和无病虫害处理 （2）设置不同虫害密度水平 （3）人工模拟病虫害的发生，如移除部分叶片	操作较困难，可较为精准地控制病虫害水平，但可能无法反映野外真实状况	Volin et al.，2002；Maron et al.，2011；Zhang et al.，2011
病虫害自然暴发后的对比研究	（1）空间对比：对比发生虫害和未发生虫害的生态系统属性差异 （2）时间对比：研究虫害发生后生态系统属性在长时间尺度上的动态变化	可真实反映自然病虫害状况，但无法严格控制病虫害水平，较易操作	Schuster et al.，2005；Clark et al.，2010；Olofsson et al.，2011

5.3.1.2　病虫害研究方法、干扰源、干扰强度对碳循环研究的影响

基于全球尺度的整合数据分析发现（Zhang et al.，2015），尽管凋落物生物量、土壤有机碳、可溶性有机碳和微生物生物量碳对生物干扰的响应方向在两种实验方法间基本一致，但这些变量对生物干扰的响应幅度在不同的实验方法之间有明显差异（图 5-3a）。控制实验和基于自然病虫害暴发的机会主义研究都被用于探讨病虫害生物干扰的影响（Dale et al.，2001；Snyder et al.，2012）。但是，不同的研究方法会对变量的响应程度产生明显影响（图 5-3a）。控制实验通常用剪枝或杀虫剂来模拟叶片凋落，这种模拟通常缺少一些与落叶相关的自然过程（如蛀屑、昆虫尸体和排泄物），而基于自然病虫害暴发的机会主义研究采用回顾性检验探讨生态系统碳循环对病虫害干扰的影响（Hinds et al.，1965；Orwig et al.，2008）。此外，机会主义研究往往与极端气候的发生相关（Van Bael et al.，2004；Hódar et al.，2012）。两者的相互作用共同导致了病虫害暴发对生态系统的影响（Fuhrer et al.，2006），这使得干扰效应与气候效应的分离更为困难。尽管对两种实验方法得到的结果分别进行分析更为理想，但是小样本量可能给地下碳过程对生物干扰响应的分析带来更高的不确定性。

同样，干扰源（昆虫与病原体）也表现出类似的影响，特别是对根系生物量、土壤有机碳和可溶性有机碳的影响（图 5-3b）。昆虫和病原体对生态系统碳循环影响的差异可能源自它们的生活方式不同（Hicke et al.，2012）。例如，虫害暴发对根系生物量和可溶性有机碳的影响比病害暴发的影响大，但虫害暴发对土壤有机碳的影响却小于病害的影响（图 5-3b）。这可能是由于昆虫和病原体对生态系统碳过程影响程度的不同（Mitchell，2003）。虫害暴发持续相对较短的时间，但会导致树木死亡，而病原体对植物生长、存活和生产力有更长期的影响（Hicke et al.，2012）。

同时，不同的昆虫类型（甲虫、蚜虫或蛾）也是影响碳循环对生物干扰响应的重要因素（图 5-4b）。昆虫类型的不同显著影响了地下碳过程对生物干扰的响应，但是并没有表现出一致趋势。例如，甲虫的暴发对根系生物量和微生物生物量碳的影响较蚜虫和蛾更大，而蚜虫对凋落物生物量、土壤有机碳和异养呼吸的影响较大（图 5-4b）。这可能与它们的生活方式差异有关。例如，小蠹虫（bark beetles）通常在树皮的韧皮部组织内繁殖，从而可能杀死树木，而蚜虫和蛾则通常仅损害叶片和嫩枝，影响较小（Hicke et al.，2012）。

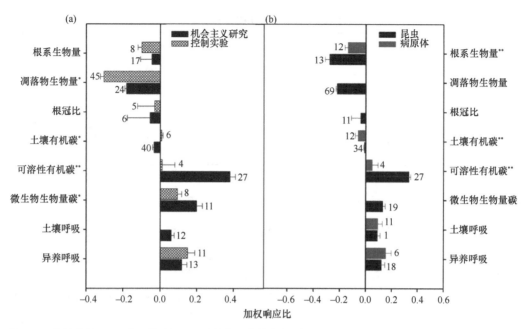

图 5-3 实验方法（a）和干扰源（b）对生物干扰的加权响应比（RR）的影响（Zhang et al., 2015）

误差棒表示响应比±95%置信区间。*和**分别表示处理组与对照组在 0.05 和 0.01 水平存在显著差异。图中数据表示处理对纵轴指标的影响百分比，数值为正即正向影响，为负即负面影响，下同

此外，干扰强度（死亡及叶片凋落）也会对凋落物生物量、微生物生物量碳和土壤呼吸有显著影响（图 5-4a）。其中树木死亡对微生物生物量碳的负面影响更大，而叶片凋落则表现出对微生物生物量碳正向的影响（图 5-4a）。病虫害造成的植物死亡通常出现在森林中，其对生态系统碳循环的影响与火灾的效应相当（Fleming et al., 2002），而病虫害造成的叶片凋落影响则较小（Hicke et al., 2012）。此外，树木死亡的原因通常以

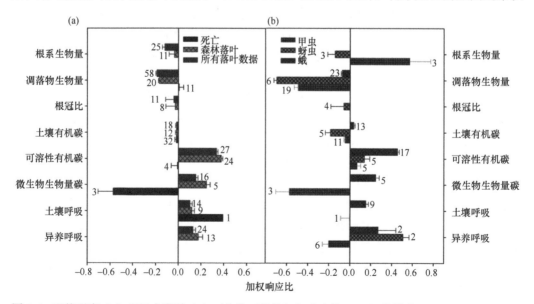

图 5-4 干扰强度（a）和昆虫类型（b）对生物干扰的加权响应比（RR）的影响（Zhang et al., 2015）

小蠹虫虫害为主，它们通常较少会造成以昆虫排泄物或蛀屑形式的冠层碳输入（Xiong et al.，2011）。然而，落叶往往使得植物组织被昆虫摄取，昆虫排泄物或蛀屑会残留于地面，进而可能导致可溶性有机碳和微生物生物量碳增加。

5.3.2　自然病虫害暴发后的对比研究方法

自然病虫害暴发后的对比研究是研究病虫害对生态系统碳循环影响的最主要手段。其中，根据对比研究的对象，相关研究又可进一步分为两种（表 5-3）：空间上的对比研究和时间序列对比研究。

1）空间上的对比研究通常在野外自然病虫害暴发后，在受干扰的样地和未受干扰的样地分别进行调查（Orwig et al.，2008；Knoepp et al.，2011）。通过对比这两类样地中植被和土壤属性的差别来阐明病虫害的影响。

2）时间序列对比研究则主要通过在病虫害暴发的群落中设置长期观测样地，连续多年观测植被和土壤等属性，进而揭示病虫害暴发对生态系统各组分影响的时间效应（Griffin et al.，2011；Olofsson et al.，2011）。

5.3.3　病虫害野外控制实验的研究方法

除在自然病虫害暴发后开展对比研究外，也有研究者在野外设置病虫害控制实验，从而更为精准地研究病虫害对生态系统结构与功能的影响。这类研究通常可分以下三种（表 5-3）。

1）将施用杀虫剂/杀菌剂处理的小区或植物个体作为对照，与被病虫害干扰的小区或植物个体进行对比研究（Carson and Root，2000；Maron et al.，2011）。

2）人工设置不同密度食草性昆虫，探讨随昆虫密度的增加生态系统中植被与土壤属性如何响应（Zhang et al.，2011）。这种方法的优势在于设置有多个水平的虫害处理，即虫害程度具有梯度，能够观测到不同生态系统属性对虫害程度的非线性响应。

3）人工模拟病虫害的发生。例如，用剪刀剪去一半叶片，模拟虫害导致的叶片凋落（Volin et al.，2002）。这种方法由于与野外真实病虫害暴发带来的效应存在较大的差别，现已采用不多。

5.3.4　典型病虫害野外控制实验

5.3.4.1　施用杀虫剂模拟病虫害的控制实验

食草昆虫在群落调控和动态中发挥着重要作用，然而大多数群落营养结构理论忽视了昆虫暴发对植被的严重损害及植物物种丰富度的降低。一枝黄花属（*Solidago* spp.）是长寿命、分布广泛的多年生草本植物。寡食性叶甲的暴发会使其叶片凋落，对植被生长与群落结构产生重要影响。本案例来自 Carso 和 Root（2000）发表在 *Ecological Monographs* 上的研究，探究了施用杀虫剂对以北美一枝黄花（*Solidago altissima*）为优势种的植被生长及其群落多样性的影响。在实验期间，寡食性叶甲虫害暴发并持续了数年。

该研究的杀虫处理选用芬戊酸盐作为杀虫剂。芬戊酸盐能在施用时杀死昆虫，并在施用后残留于植物表面，避免昆虫的取食和产卵，但对植物本身没有毒害作用。杀虫剂于 1982～1992 年的生长季(4 月初至 9 月)，每隔 3 周施用一次，单次施加量为 300 g/hm^2。具体操作是将芬戊酸盐溶于水中，在早晨或晚间喷施于田间（每块 5 m×4 m 样地喷施 3.8 L 溶液）。施用杀虫剂所造成的水分输入仅占降水量的极小部分，因此"增雨"效应可忽略不计。

虫害在研究开始和结束时均处于较低水平，而在 1986 年和 1987 年暴发较严重。研究发现，施用杀虫剂有效减少了害虫的数量及其所造成的危害；从施用杀虫剂的第 3 年（即 1984 年）起，与对照相比，施用杀虫剂显著增加了优势物种北美一枝黄花植株的高度；从施用杀虫剂的第 8 年起，与对照相比，处理组北美一枝黄花的密度也显著增加（图 5-5）。从 1982～1991 年对多皱一枝黄花（*Solidago rugosa*）生长高度的测量结果来看，施用杀虫剂也显著增加了多皱一枝黄花植株的高度（图 5-6）。施用杀虫剂显著减小了昆虫对北美一枝黄花、多皱一枝黄花和弗吉尼亚草莓（*Fragaria virginiana*）叶片的危害面积，而未减少对山柳菊属 *Hieracium pratense* 叶片的危害。这表明，虫害暴发将对植被产生严重破坏，且影响植物群落结构，在植物群落动态中不可忽视。

图 5-5　施用杀虫剂模拟病虫害的控制实验图片（Carson and Root，2000）

右侧样地喷施 8 年的杀虫剂，是以北美一枝黄花为优势种的群落。左侧样地作为未喷洒的对照。照片由 W. Carson 拍摄

5.3.4.2　蝗虫密度控制的野外实验

蝗虫是草原生态系统中占主导地位的无脊椎食草动物，在维持草原的正常生态系统功能方面具有重要作用。蝗虫虫害在世界范围内频繁暴发，对草原生态系统服务功能产生巨大影响。因此，长期以来蝗虫防治一直是植物-草食动物相互作用研究的中心问题。了解食物网的相互作用如何改变有限营养元素的周转过程是生态系统生态学的一个重要目标。本案例来自 Zhang 等（2011）发表在 *Oecologia* 上的研究，探讨了蝗虫暴发对初级生产者群落、土壤特性及草原生态系统功能的影响。

该研究在围封样地内设置 72 个 1 m×1 m×1 m 的由钢框架和尼龙网制成的隔离罩。

隔离罩的下边缘与地面紧密贴合以防止实验过程中动物迁入或迁出，每个隔离罩的上部留一个 0.5 m×0.5 m 的窗口以备实验操作，如引入蝗虫、检测蝗虫密度、清除蝗虫的捕食者（主要是蜘蛛）。该研究通过设置密度梯度来模拟不同强度的蝗虫暴发，共 8 个处理水平，每平方米分别引入 0 只、2 只、5 只、10 只、20 只、30 只、40 只、50 只蝗虫，性别比均为 1∶1（每平方米共引入 5 只时，则将性别比随机设置为 2∶3 或 3∶2）。引入蝗虫后，每 3 d 检查一次，将死蝗虫取出并替换上同等大小、同等性别的蝗虫，以确保活蝗虫数量不变；此外还要维护隔离罩，去除隔离罩中的蜘蛛以及其他种类的非实验用蝗虫。

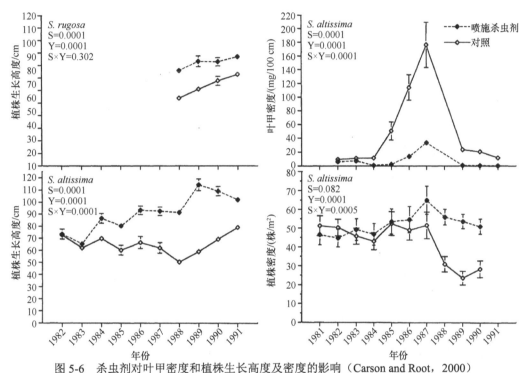

图 5-6　杀虫剂对叶甲密度和植株生长高度及密度的影响（Carson and Root，2000）
图片左上角显示的是重复测量方差分析结果的 P 值，其中 S 代表杀虫剂喷洒处理效应，Y 代表处理年份效应，S×Y 为二者的交互作用

　　研究发现，蝗虫啃食显著减少了植物地上生物量，植物地上生物量与蝗虫密度呈显著的线性负相关；蝗虫取食显著增加了凋落物干重，与蝗虫密度呈显著的二次非线性相关关系（图 5-7）。蝗虫暴发能改变植物群落结构，向以非蝗虫取食对象的双子叶植物主导的植物群落发生转变。植物化学计量对蝗虫取食的响应取决于其是否为蝗虫取食对象：蝗虫取食对象植物的 C∶N 随着蝗虫密度的增加先增加后下降，而非蝗虫取食对象植物的 C∶N 和 C∶P 随着蝗虫密度的增加而降低。这表明，蝗虫取食在调节草原生态系统植物群落结构和养分循环方面发挥着重要作用。

5.3.4.3　自然虫害暴发后的对比研究

　　由气候变化和虫害暴发引起的森林死亡已成为全球关注的问题，它不仅会造成巨大的经济损失，而且会对生态系统和生态系统服务产生严重影响。由森林死亡导致的森林

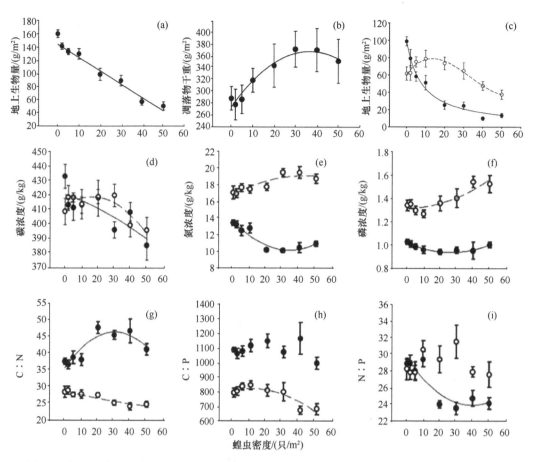

图 5-7　蝗虫密度对植物地上生物量、凋落物干重、植物化学计量的影响（Zhang et al.，2011）

图（c）～（i）中蝗虫取食植物的相关指标以实心圆点表示，非蝗虫取食植物的相关指标以空心圆点表示

碳汇损失和对野生动物的影响受到广泛关注，而这一现象引起的生物地球化学后果仍需要深入研究。本案例来自 Xiong 等（2011）发表在 *Soil Biology and Biochemistry* 上的研究，该研究于 2009 年在科罗拉多一个遭受甲虫危害的松林中，对活立木下和甲虫危害的死立木下土壤生物化学特性进行了测量，以评估在受到甲虫危害而死亡后的几年中，树木的死亡对土壤过程的影响。

该研究以松树上树脂管的有无来判断树的死活，以针叶是否发生凋落及针叶颜色来判断死亡时间（松树为抵御甲虫的钻蛀会分泌松脂，一旦松脂溢出树干干燥变硬，凝结成树脂管，则意味着死亡，且在死后第三年针叶开始凋落）。将松树分为活树、死后 1～2 年树（针叶未凋落，仍为绿色）、死后 2～3 年树（针叶未凋落，呈红色）、死后 3～4 年树（针叶开始凋落）、死后 4 年以上树（地面大量针叶）。

研究发现，遭受甲虫危害后松树的死亡显著或极显著降低了立木下土壤总碳（降低幅度为 38%～49%）、总氮（降低幅度为 26%～45%）、可溶性有机碳（DOC）含量；极显著提高了无机氮含量，尤其提高了 NH_4^+ 浓度，NO_3^- 和 NO_2^- 浓度较低且无显著变化（图 5-8）。死立木下的土壤 pH 显著高于活立木，且随松树死亡后时间的推移逐渐升高。此外，松树的死亡显著或极显著降低了微生物生物量碳（MBC）、微生物生物量氮（MBN），极显著提高了以细菌为食的线虫的比例，而以植物和真菌为食的线虫的比例则发生相似程度的降低。这表明，遭受甲虫危害后松树的死亡导致了表层矿质土壤中碳氮的流失、土壤无机氮的积累、微生物生物量的减少，以及基于细菌的土壤食物网的增加。

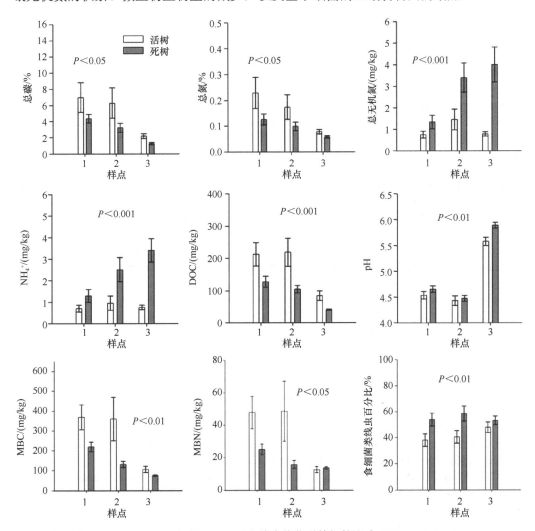

图 5-8　遭受甲虫危害后松树的死亡对土壤生物化学特征的影响（Xiong et al.，2011）

5.4　总结与展望

综上，火干扰与病虫害是影响生态系统碳循环的重要自然干扰因素，它们能够显著改变生态系统碳库及关键碳循环过程。然而，由于研究方法的多样、干扰源的差异，以及干扰强度的变化，目前学术界对自然干扰如何影响生态系统碳循环的认识还十分有限。特别是，目前的研究大多采用基于自然干扰发生的机会主义研究方法，真正采用野外控制实验的方法来探讨自然干扰的生态效应的研究仍十分缺乏。因此，未来亟须针对不同干扰源、不同干扰强度来设置更为全面且长期的野外控制实验，以期为认识自然干扰对生态系统碳循环影响的关键过程机理提供依据。此外，由于部分自然干扰往往与极端气候事件同时发生，因此，未来的野外控制实验还需要同时考虑多种干扰因子与其他气候变化因素的交互作用，进而为全面认识其生态效应提供可能。

参 考 文 献

吕爱锋, 田汉勤, 刘永强. 2005. 火干扰与生态系统的碳循环. 生态学报, 25(10): 2734-2743.

Amiro B D. 2001. Paired-tower measurements of carbon and energy fluxes following disturbance in the boreal forest. Global Change Biology, 7: 253-268.

Carson W P, Root R B. 2000. Herbivory and plant species coexistence: community regulation by an outbreaking phytophagous insect. Ecological Monographs, 70: 73-99.

Chen J, Chen W J, Liu J, et al. 2000. Annual carbon balance of Canada's forests during 1895-1996. Global Biogeochemical Cycles, 14: 839-849.

Clark K L, Skowronski N, Hom J. 2010. Invasive insects impact forest carbon dynamics. Global Change Biology, 16: 88-101.

Dale V H, Joyce L A, McNulty S, et al. 2001. Climate change and forest disturbances. BioScience, 51: 723-734.

de Nijs E A, Hicks L C, Leizeaga A, et al. 2018. Soil microbial moisture dependences and responses to drying-rewetting: the legacy of 18 years drought. Global Change Biology, 25: 1005-1015.

Edburg S L, Hicke J A, Brooks P D, et al. 2012. Cascading impacts of bark beetle-caused tree mortality on coupled biogeophysical and biogeochemical processes. Frontiers in Ecology and the Environment, 10: 416-424.

Flanagan N E, Wang H J, Winton S, et al. 2020. Low-severity fire as a mechanism of organic matter protection in global peatlands: Thermal alteration slows decomposition. Global Change Biology, 26: 3930-3946.

Fleming R A, Candau J N, McAlpine R S. 2002. Landscape-scale analysis of interactions between insect defoliation and forest fire in central Canada. Climatic Change, 55: 251-272.

Fuhrer J, Beniston M, Fischlin A, et al. 2006. Climate risks and their impact on agriculture and forests in Switzerland. Climatic Change, 79: 79-102.

Griffin J M, Turner M G, Simard M. 2011. Nitrogen cycling following mountain pine beetle disturbance in lodgepole pine forests of Greater Yellowstone. Forest Ecology and Management, 261: 1077-1089.

Hicke J A, Allen C D, Desai A R, et al. 2012. Effects of biotic disturbances on forest carbon cycling in the United States and Canada. Global Change Biology, 18: 7-34.

Hinds T E, Hawksworth F G, Davidson R W. 1965. Beetle-killed Engelmann spruce its deterioration in Colorado. Journal of Forestry, 63: 536-542.

Hódar J A, Zamora R, Cayuela L. 2012. Climate change and the incidence of a forest pest in Mediterranean ecosystems: can the North Atlantic Oscillation be used as a predictor? Climatic Change, 113: 699-711.

Kitchen D J, Blair J M, Callaham M A. 2009. Annual fire and mowing alter biomass, depth distribution, C and N content of roots and soil in tallgrass prairie. Plant and Soil, 323: 235-247.

Knoepp J D, Vose J M, Clinton B D, et al. 2011. Hemlock infestation and mortality: impacts on nutrient pools and cycling in appalachian forests. Soil Science Society of America Journal, 75: 1935-1945.

Kuemmerle T, Olofsson P, Chaskovskyy O, et al. 2011. Post-Soviet farmland abandonment, forest recovery, carbon sequestration in western Ukraine. Global Change Biology, 17: 1335-1349.

Kurz W A, Dymond C C, Stinson G, et al. 2008. Mountain pine beetle and forest carbon feedback to climate change. Nature, 452: 987-990.

Liu S G, Bond-Lamberty B, Hicke J A, et al. 2011. Simulating the impacts of disturbances on forest carbon cycling in North America: processes, data, models, challenges. Journal of Geophysical Research: Biogeosciences, 116: G00K08.

Ludwig S M, Alexander H D, Kielland K, et al. 2018. Fire severity effects on soil carbon and nutrients and microbial processes in a Siberian larch forest. Global Change Biology, 24: 5841-5852.

Maron J L, Marler M, Klironomos J N, et al. 2011. Soil fungal pathogens and the relationship between plant diversity and productivity. Ecology Letters, 14: 36-41.

Masek J G, Collatz G J. 2006. Estimating forest carbon fluxes in a disturbed southeastern landscape: integration of remote sensing, forest inventory, biogeochemical modeling. Journal of Geophysical Research: Biogeosciences, 111: G01006.

Mayor A G, Valdecantos A, Vallejo V R, et al. 2016. Fire-induced pine woodland to shrubland transitions in Southern Europe may promote shifts in soil fertility. Science of the Total Environment, 573: 1232-1241.

Mitchell C E. 2003. Trophic control of grassland production and biomass by pathogens. Ecology Letters, 6: 147-155.

Mouillot F, Rambal S, Joffre R. 2002. Simulating climate change impacts on fire frequency and vegetation dynamics in a Mediterranean-type ecosystem. Global Change Biology, 8: 423-437.

Olofsson J, Ericson L, Torp M, et al. 2011. Carbon balance of Arctic tundra under increased snow cover mediated by a plant pathogen. Nature Climate Change, 1: 220-223.

Orwig D A, Cobb R C, D'Amato A W, et al. 2008. Multi-year ecosystem response to hemlock woolly adelgid infestation in southern New England forests. Canadian Journal of Forest Research, 38: 834-843.

Pellegrini A F A, Ahlstrom A, Hobbie S E, et al. 2018. Fire frequency drives decadal changes in soil carbon and nitrogen and ecosystem productivity. Nature, 553: 194-198.

Pellegrini A F A, Hedin L O, Staver A C, et al. 2015. Fire alters ecosystem carbon and nutrients but not plant nutrient stoichiometry or composition in tropical savanna. Ecology, 96: 1275-1285.

Pickett S T A, White P S. 1985. The Ecology of Natural Disturbance and Patch Dynamics. San Diego: Academic Press.

Raffa K F, Aukema B H, Bentz B J, et al. 2008. Cross-scale drivers of natural disturbances prone to anthropogenic amplification: the dynamics of bark beetle eruptions. Bioscience, 58: 501-517.

Reich P B, Peterson D W, Wedin D A, et al. 2001. Fire and vegetation effects on productivity and nitrogen cycling across a forest-grassland continuum. Ecology, 82: 1703-1719.

Roscoe R, Buurman P, Velthorst E J, et al. 2000. Effects of fire on soil organic matter in a "cerrado sensu-stricto" from Southeast Brazil as revealed by changes in δ^{13}C. Geoderma, 95: 141-160.

Scharenbroch B C, Nix B, Jacobs K A, et al. 2012. Two decades of low-severity prescribed fire increases soil nutrient availability in a Midwestern, USA oak (Quercus) forest. Geoderma, 183-184: 80-91.

Schimel D S, House J I, Hibbard K A, et al. 2001. Recent patterns and mechanisms of carbon exchange by terrestrial ecosystems. Nature, 414: 169-172.

Schuster T D, Cobb N S, Whitham T G, et al. 2005. Relative importance of environmental stress and herbivory in reducing litter fall in a semiarid woodland. Ecosystems, 8: 62-72.

Snyder K A, Scott R L, McGwire K. 2012. Multiple year effects of a biological control agent (Diorhabda carinulata) on Tamarix (saltcedar) ecosystem exchanges of carbon dioxide and water. Agricultural and Forest Meteorology, 164: 161-169.

Stinson G, Kurz W A, Smyth C E, et al. 2011. An inventory-based analysis of Canada's managed forest carbon dynamics, 1990 to 2008. Global Change Biology, 17: 2227-2244.

Taş N, Prestat E, McFarland J W, et al. 2014. Impact of fire on active layer and permafrost microbial communities and metagenomes in an upland Alaskan boreal forest. The ISME Journal, 8: 1904-1919.

Van Bael S A, Aiello A, Valderrama A, et al. 2004. General herbivore outbreak following an El Niño-related drought in a lowland Panamanian forest. Journal of Tropical Ecology, 20: 625-633.

Volin J C, Kruger E L, Lindroth R L. 2002. Responses of deciduous broadleaf trees to defoliation in a CO_2 enriched atmosphere. Tree Physiology, 22: 435-448.

Wiedinmyer C, Neff J C. 2007. Estimates of CO_2 from fires in the United States: implications for carbon management. Carbon Balance and Management, 2: 10.

Xiong Y M, D'Atri J J, Fu S L, et al. 2011. Rapid soil organic matter loss from forest dieback in a subalpine coniferous ecosystem. Soil Biology and Biochemistry, 43: 2450-2456.

Zhang B C, Zhou X H, Zhou L Y, et al. 2015. A global synthesis of below-ground carbon responses to biotic disturbance: a meta-analysis. Global Ecology and Biogeography, 24: 126-138.

Zhang G M, Han X G, Elser J J. 2011. Rapid top-down regulation of plant C : N : P stoichiometry by grasshoppers in an Inner Mongolia grassland ecosystem. Oecologia, 166: 253-264.

Zvereva E L, Lanta V, Kozlov M V. 2010. Effects of sap-feeding insect herbivores on growth and reproduction of woody plants: a meta-analysis of experimental studies. Oecologia, 163: 949-960.

第6章 野外生物入侵实验的技术与方法①

6.1 背　景

　　生物入侵是指由于人类活动或自然因素等途径使得原本不属于这个生境内的生物种类从其原有分布区扩散至新的生境内，并可以成功定殖和快速扩散，进而引起其入侵地生态系统结构和功能的显著改变，并对其造成显著的环境生态影响（Xiao et al., 2019）。由于我国地域辽阔，并涵盖多种气候带类型，而复杂的环境条件和多样的生境类型使得诸多国外的入侵物种，尤其是入侵植物，能在我国成功定殖，并可以进一步适应和扩散（李晓婷等，2018）。据统计，我国已有入侵植物共计 515 种，其中江苏为 230 种（闫小玲等，2014）。而我国已有入侵物种共计 660 多种，且其中 71 种已被列入《中国外来入侵物种名单》。入侵植物的入侵进程一般分为以下 4 个阶段：传入、定殖、适应和扩散，且这 4 个阶段共同决定着入侵植物能否在新的生境内成功入侵（Sakai et al., 2001）。Williamson 和 Fitter（1996）提出的"外来生物入侵 10%法则"认为：物种进入每个阶段的成功率大约为 10%，即外来生物被引入新的生境后，仅有约 10%（5%~20%）可以在新的生境成功建立稳定的种群并成为归化生物，而在归化生物中，也仅有约 10%可以在新的生境中成功入侵，从而成为入侵生物。

　　自"生物入侵"的概念在 1958 年首次出版的《动植物入侵生态学》中明确阐述以来，全球对外来种入侵的关注与日俱增。一方面，受人类干扰后的多数生态系统的抗入侵能力弱，大量现有入侵种扩散和暴发趋势严重（Pyšek and Hulme, 2010），部分入侵生物在进入新的环境后，在与本土物种的竞争中获胜而成为优势种群，导致本土物种的退化或灭绝，生物多样性受到较大破坏；另一方面，全球化进程使得众多新的外来种传入速度进一步加快（Weber et al., 2008），新的生物入侵风险不断加大，社会经济发展不断面临新的威胁。据报道，我国由外来生物入侵带来的年均经济损失超过 2000 亿元（高峰，2016）。鉴于生物入侵对入侵区的生态环境、社会经济和人类健康造成了严重的威胁，这一问题得到了各国政府、国际组织、社会公众和科学界的广泛重视，已成为 21 世纪五大全球性环境问题之一（Reid et al., 2005）。

6.2 生物入侵野外调查实验

6.2.1 简介

　　野外调查是生物入侵实验的常用方法，常用于探索入侵物种多样性以及地理格局等

———————————
　　① 作者：裴鑫，潘首因，张子凡，樊雨薇，程慧源，郭辉；单位：南京农业大学

对入侵物种的影响。从达尔文开始，和生物有关的研究就与地缘分布有着撇不清的关系。直到罗伯特·H. 麦克阿瑟确立了地缘分布生态学，其中以其研究的主要方向——岛屿生态学最为著名，地理格局才逐渐被作为一种研究中要考虑的重要变量。

在现代，由于科学技术的不断发展，和地理格局有关的生态学研究逐渐呈现多元素的综合研究趋势。以植物为例，植物土壤反馈（Kuebbing et al.，2016）、植物物候（Piao et al.，2019）以及遗传多样性（Habel and Schmitt，2012；Liu et al.，2009）的地理变化等，都是相较于过去一个世纪主要注重种群分布而言更加综合和新颖的研究主题。更重要的是，如今全球变化相较于以往更加剧烈，与地理格局有关的全球变化因子诸多，在各种各样与生态有关的研究中都不乏其身影。

下面引用并分析几个从地理格局角度出发研究植物入侵的研究案例，来对此方法进行介绍。

6.2.2 地理格局中的纬度梯度法

随着纬度变化，入侵植物对入侵地的群落及其在入侵地的各种性状的影响可能存在不同。基于此类假说展开实验，是生态学研究植物入侵的常用方法。任何物种都有其生态幅，而与纬度梯度相关的生态幅变化也相应地呈梯度变化（Habel and Schmitt，2012）。入侵植物生活史发生的变化往往可以在一定程度上解释其入侵的成功机理及其对周围环境的影响。

实证研究：有关入侵植物空心莲子草（*Alternanthera philoxeroides*）春季的入侵区群落特征沿纬度变化的研究。

研究目的：探寻入侵植物空心莲子草对其入侵区的群落结构的影响是否随纬度梯度而改变。

具体研究过程如下。

（1）沿纬度梯度进行野外调查

吴昊（2017）在中国南方 22°N～30°N 纬度梯度范围内对陆生空心莲子草群落进行野外调查。选择空心莲子草入侵面积超过 100 m² 的陆生区域布设调查样地（极少数延伸至水体中），间隔 1°设置 1～3 个样地（10 m×10 m，间隔 10 km 以上）。同时，采用同样方法在每个入侵样地附近设置对照样地（无空心莲子草入侵）进行群落调查，并保证对照样地与入侵样地周围的生境条件基本一致。共设置 15 个入侵样地和 15 个对照样地。在每个样地中央均匀布设 2 条 10 m 长的样带，每条样带均匀布设 5 个面积为 0.5 m×0.5 m 的样方。调查时，记录各样方中植物物种名称。由于春季研究区内空心莲子草等植物处于生长初期，紧贴地面生长，其高度和个体数均难以准确测量，故采用盖度作为衡量群落中植物优势度的唯一指标。

（2）数据处理

利用具有 100 分格的 0.5 m×0.5 m 样方框精确计算每种植物的盖度。利用植物盖度计算草本群落物种多样性指数，包括 Patrick 丰富度指数（$R=S$）、Simpson 多样性指数[$D=$

$\Sigma n_i（n_i-1）/ N（N-1）]$、Shannon 多样性指数 $[H=-\Sigma（P_i\cdot\ln P_i）]$、Pielou 均匀度指数（$E=H/\ln S$）。其中：$S$ 为样地内所有植物的物种数，n_i 为第 i 种植物的数量，P_i 为第 i 种植物的相对盖度。为了检验春季空心莲子草入侵对本土群落多样性的影响，对入侵区、对照区的 4 个多样性指数分别进行"独立样本 t 检验"后，分别对纬度与入侵区、对照区样地的 4 个物种多样性指数进行回归拟合，结果如图 6-1 所示。除了 Patrick 丰富度指数，其余三组，入侵区的各多样性指数都呈现随纬度增加而减少，自然对照区的多样性指数都随纬度增加而增加。

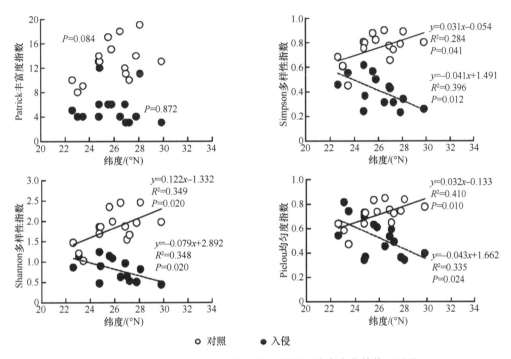

图 6-1　春季对照区和入侵区样地群落物种多样性沿纬度变化趋势（吴昊，2017）

6.2.3　地理格局中的小尺度研究

除了从纬度梯度这种大尺度的角度研究入侵植物，小范围地理格局内研究入侵植物群体也是一种常用的研究方法。小尺度地理格局研究是一种自定义对照点的地理格局研究方法，对照变量往往根据研究设想进行灵活变动，相比纬度梯度法格局较小（Bagchi et al.，2014）。这里以将入侵物种个体间距离作为变量的研究为例。

实证研究：距离决定因素对入侵植物乌桕（原生地为中国，入侵区位于美国）分布的影响。

研究目的：研究同一区域范围内，入侵植物个体间的距离对植物相关性状的影响。

具体研究过程如下。

（1）野外调查

野外调查分别在原生地 6 个样点、入侵地 3 个样点进行。Yang 等（2019）在每个样点找到一棵成熟粗壮的乌桕（*Triadica sebifera*），不定向且随机地在其方圆分别 1 m、2 m 和 4 m 处，设置 1 m² 的样方，并对样方中的乌桕幼苗进行计数。与此同时，研究团队还对上述样方中所有乌桕幼苗被食草昆虫毁坏的叶面积进行了记录。

针对各组数据，用方差分析进行显著性检验，并将结果以图的形式呈现（图 6-2）。

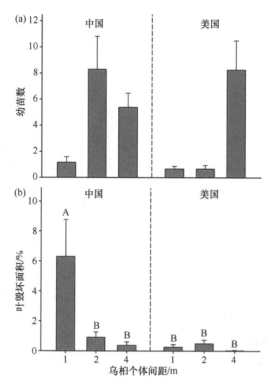

图 6-2　中美两地野外实验点不同乌桕个体距离内所对应的幼苗数（a），以及中美两地野外实验点不同乌桕个体距离内所对应的叶毁坏面积（b）（Yang et al.，2019）

不同字母表明在检验中有显著差异，相同字母则为无显著差异

（2）野外同质园实验

从原生地中国多地（包括湖北、广西以及海南）和入侵地美国东南部各 6 个乌桕种群（共 12 处来源）取得一定数量的种子。测量这些种子的重量，发现各个来源的乌桕种子在大小方面不存在明显差别。

将这些种子用洗衣粉溶液浸泡 2 d，脱去它们的蜡质外衣，并进行表面消毒漂白 2 min 后用水洗净，在温室进行萌发。上述操作均在中美两地的温室进行，为野外同质园实验做准备。

将温室发芽实验后的乌桕幼苗移植到分别设置在中国和美国的野外实验点中的粗壮成熟且彼此间相距至少 10 m 的 5 个乌桕个体周围，因此分立出 5 个野外实验组。一周后重复具体研究方法（1）中的野外调查操作，即在距离中心成熟乌桕个体分别 1 m、2 m 和 4 m 的样方内对叶毁坏面积进行测量。将得到的数据用方差分析法进行显著性检验，并将结果以图片的形式呈现，如图 6-3 所示。

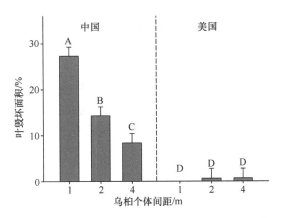

图 6-3　中美两地野外同质园实验点不同乌桕个体距离内所对应的叶毁坏面积（Yang et al.，2019）

不同字母表明在检验中有显著差异，相同字母则为无显著差异

（3）温室实验

按与野外实验相同的与中心个体距离的变量分布进行土壤取样，并进行萌发实验，实验组为以无菌化后的土样为萌发基质，对照组以自然状态下的土样为萌发基质。萌发实验结束后进行数据统计和计算，结果如图 6-4 所示。所有对照中，自然状态土壤的植株死亡率均高于无菌组。

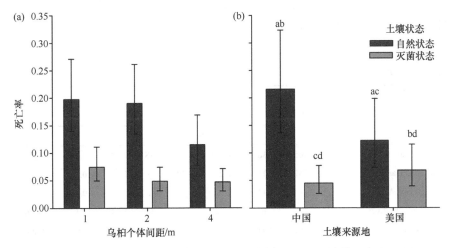

图 6-4　萌发实验中乌桕不同个体距离内（a）以及土壤来源地（b）对应的死亡率（Yang et al.，2019）

不同字母表明在检验中有显著差异，相同字母则为无显著差异

6.2.4　地理格局和遗传多样性

物种的遗传多样性和种群分布差异之间的关系是生态学长期以来的研究热点。因为地理格局分布直接影响种群内部的繁衍结构和规模，随着时间的推移，种群的基因库发生改变，地理分布可能导致远缘杂交不亲和，以至于一个物种由此分化为两个或多个物种（Habel and Schmitt，2012；Liu et al.，2009）。因此，研究入侵物种的地理格局分布与其遗传多样性的关系是理解入侵物种遗传进化规律的一个重要手段。这类研究分两个

角度：一是研究入侵植物在入侵区扩张过程中的地理格局分布分化与遗传多样性之间的关系；二是研究比较入侵物种在入侵地和原生地的遗传多样性的异同。下面我们分别给出具体的研究例子进行介绍。

实证研究：箭羽楹在其入侵区和原生区的遗传多样性大不相同。

研究目的：探究箭羽楹（*Paraserianthes lophantha* subsp. *lophantha*）在其入侵区和原生区的遗传模式，该遗传模式通过遗传多样性来反映。

具体研究方法如下。

1）选址和取样。

箭羽楹原产于澳大利亚西南部，但已在澳大利亚东部和全球多个国家自然化并具有入侵性，Brown 等（2020）从原生地共取得 196 株箭羽楹个体，代表在原生地的 14 个种群，按 1～22 株不等为一组分组（每组株数由各种群的大小来决定）。另外在入侵地取得 192 株箭羽楹个体，按 1～24 株不等为一组分组，代表在入侵区的 11 个种群。原生地和入侵区两地周围岛屿的种群取样对象则是对应的植物标本。取样之后每个样本个体之间最少间隔 2 m，按不同高度（代表不同年龄）分组。

2）从样本中提取 DNA 扩增后测序，并将数据以反映种群遗传模式的形式处理和呈现。

具体的 DNA 提取过程，以及运用 PCR 技术对 DNA 进行扩增使用的引物和选择的解链和退火温度条件在这里不做过多介绍。扩增之后，对代表不同种群的样本进行分组测序，将测序得到的结果整理后以与遗传有关的形式呈现，如表 6-1 所示。黑色粗体表示对应行中的 $H_o < H_e$，即该种群实际的遗传多样性小于理论预测的遗传多样性。

表 6-1　箭羽楹在原生地和入侵地的种群信息及遗传多样性（Brown et al.，2020）

缩写	地点	所有个体					代表种				
		N	N_e	H_o	H_e	F_{IS}	N	N_e	H_o	H_e	F_{IS}
		本地种									
BD	Boranup Drive	20	2.305	**0.389**	0.469	0.178	18	2.308	**0.382**	0.476	0.192
BH	Boat Harbour	20	1.457	**0.211**	0.28	0.245	3	1.441	**0.241**	0.333	0.195
CA	Cape Arid	1	—	0.444	—	—	1	—	0.444	—	—
DR	Donnelly River	18	1.148	**0**	0.106	1	18	1.148	**0**	0.106	1
GR	Graphit Rd	2	1.267	**0.056**	0.25	0.5	2	1.267	**0.056**	0.25	0.5
GS	Gingilup Swamp	20	1.31	**0.081**	0.176	0.35	1	—	0.222	—	—
MA	Manjimup	1	—	0.22	—	—	1	—	0.222	—	—
MR	Morangup Reserve	21	1.167	**0.073**	0.078	0.023	21	1.167	**0.073**	0.078	0.023
PO	Porongorups	2	1.667	**0**	0.667	1	2	1.667	**0**	0.667	1
RC	Recherche Islands	5	3.277	**0.444**	0.658	0.35	5	3.277	**0.444**	0.658	0.35
SR	Serpentine River National Park	19	2.098	**0.195**	0.341	0.429	19	2.098	**0.195**	0.341	0.429
VT	Van Tripp Rd	20	1.303	**0.119**	0.196	0.376	1	—	0.111	—	—
WD	Wellington Dam	19	1.302	**0.093**	0.187	0.313	19	1.302	**0.093**	0.187	0.313
YG	Yalingup	21	1.293	**0.071**	0.191	0.745	2	1.881	**0.167**	0.722	0.714

缩写	地点	所有个体					代表种				
		N	N_e	H_o	H_e	F_{IS}	N	N_e	H_o	H_e	F_{IS}
		归化种									
CI	Craggy Island	2	1.125	0.125	0.063	−1	1	—	0.125	—	—
DT	Devi's Tower	1	—	0.25			1	—	0.25	—	—
EP	Eyre Peninsula	17	1.097	**0.059**	0.074	0.43	17	1.097	**0.059**	0.074	0.43
KI	Kangaroo Island	24	1.243	0.218	0.137	−0.245	24	1.243	0.218	0.137	−0.245
LE	Lakes Entrance	8	1.352	0.278	0.173	−0.591	8	1.352	0.278	0.173	−0.591
PI	Phillip Island	7	1.521	**0.238**	0.294	0.068	7	1.521	**0.238**	0.294	0.068
PR	Pudney's Rd	4	1.258	0.188	0.141	−0.3	1	—	0.143	—	—
RI	Rodondo Island	1	—	0.125			1	—	0.125	—	—
WG	Waterfall Gully	16	1.705	**0.22**	0.353	0.3	6	1.665	**0.259**	0.439	0.278
WR	Wye River	20	1.479	**0.157**	0.271	0.498	20	1.479	**0.157**	0.271	0.498

注：N 代表数据来源样本的个体数；N_e（number of effective alleles）代表有效的等位基因对数；H_o（observed heterozygosity）代表检测到的杂合度，即多样性；H_e（expected heterozygosity）代表理论预期的杂合度；F_{IS}（Wright's inbreeding coefficient）代表近交系数，即反映了种群内参与繁殖的个体间的普遍遗传距离；"—"表示无数据

6.3　生物入侵同质园实验

6.3.1　简介

同质园实验是目前常用于验证生物入侵机制及生物入侵对入侵地生态系统影响的实验方法之一。同质园实验可以排除环境诱导对物种的影响（Westberg et al.，2013）。通过观察不同地理种群在相同环境条件下表型性状的变异，有助于判定其适应性机制。如果种间表型性状差异均显著，则说明物种发生了适应性改变；反之，则是表型可塑性的结果。实验一般包括样品采集、同质园种植、表型性状选取及测定和表型性状变异统计分析等阶段。

6.3.2　同质园实验研究生物入侵经典案例

实证研究：外来入侵植物长芒苋（*Amaranthus palmeri*）在中国不同地区的表型变异与环境适应性

具体研究过程如下。

（1）研究概述

长芒苋是近年来入侵我国的超级杂草，若大面积扩散会对农业生产和生物多样性保护等构成极大威胁。针对此类情况，曹晶晶等（2020）在中国农业科学院植物保护研究所的温室中进行同质园实验，通过测定长芒苋不同纬度地理种群的生活史、形态及生物量等 11 个性状指标来分析其在我国的表型变异与环境适应性。结果表明，在同质园条

件下,长芒苋不同地理种群间株高等 7 个表型性状指标差异不显著,而开花和发芽时间、花序长以及比叶鲜重 4 个指标具有极显著差异($P<0.01$),且它们的表型变异随年平均温度(纬度)线性增加或降低。开花时间随纬度的升高而缩短,发芽时间、花序长和比叶鲜重随纬度的升高而增加。

基于长芒苋不同纬度地理种群间表型性状的异同,他们推断表型可塑性促进了其在我国不同地理环境中的定殖,表型变异(如高纬度种群开花时间提前)可促进其环境适应性进化,拓展其在我国的适生性分布区,增强其适应不同于原产地环境的地区并扩散蔓延和入侵的潜力。该实验对评估长芒苋扩散潜能、建立早期监测预警等防控措施具有重要意义。

(2)样品采集

为研究某入侵种在不同环境因子的作用下产生的性状或表型分化的机制,即是出于表型可塑性还是适应性,可采集不同纬度、经度下表观性状差异较大的同物种种群植株。完成后对采集的样品进行自然干燥、筛选,获得种子,装入玻璃瓶中,在低温干燥条件下保存备用。

曹晶晶等(2020)在中国农业科学院植物保护研究所进行的同质园实验中,选取北京市丰台区、河南省荥阳市、江苏省南通市、浙江省宁波市等 4 个纬度梯度差异较大地区的自然种群,采集定殖多年的长芒苋植株和种子样品,并记录了样品采集地地理坐标和生境等信息(表 6-2)。

表 6-2 长芒苋种子采集地概况(曹晶晶等,2020)

地点	东经/(°)	北纬/(°)	生境	年均温/℃
北京丰台	116.353~116.371	39.804~39.815	公路旁	12.09
河南荥阳	113.328~113.449	34.771~34.810	铁路边	14.10
江苏南通	120.900~120.907	31.925~31.929	公路旁	15.23
浙江宁波	121.844~121.906	29.898~29.899	废弃地	16.48

(3)同质园种植

将收集到的种子进行筛选,将饱满无空壳的种子在同质园中进行播种。对收集到的长芒苋进行温室种植培养,温室温度控制在 25℃,日照长度为 12 h/12 h,培养土为黑土:蛭石=2:1 的混合土,小花盆长 15 cm、宽 15 cm、高 14 cm。每个种群的长芒苋种植 25 盆,每盆均匀播种 4 粒种子。待种子发芽后,每盆留取 1 株健壮的长芒苋幼苗,以保证植株的正常生长。每个花盆随机放置以避免位置效应。定期给植株浇水,保持水分充足。种植后,定期观察记录长芒苋的性状指标(Singh and Roy,2017)。

(4)表型性状选取及测定

对于植物一般选取生活史指标发芽时间和开花时间,形态指标株高、叶长、叶宽、叶柄长/叶长、叶面积、叶片圆度和花序长以及生物量指标叶片比叶鲜重和比叶干重等 11 个指标来评估入侵种在不同地区的表型性状变异(Singh and Roy,2017)。以长芒苋同质园种植实验为例（表 6-3）。

表 6-3　长芒苋不同种群间主要表型性状指标方差分析（曹晶晶等，2020）

| 性状指标 | 北京丰台（高纬度） | | | 河南荥阳（中高纬度） | | | 江苏南通（中低纬度） | | | 浙江宁波（低纬度） | | | 均方 | F 值 |
	样本量	平均值	标准差	样本量	平均值	标准差	样本量	平均值	标准差	样本量	平均值	标准差		
发芽时间/d	100	10.476	2.337	100	9.813	4.151	100	7.143	3.549	100	6.364	2.335	59.70	5.91**
开花时间/d	25	23.429	4.600	25	28.687	7.386	25	32.294	7.346	25	36.455	5.126	480.7	12.47**
株高/cm	25	34.571	13.155	25	39.733	17.077	25	31.706	14.814	25	35.455	14.194	174.9	0.803
叶长/cm	75	5.314	1.561	75	6.173	2.230	75	5.100	1.694	75	5.282	1.644	3.543	1.111
叶宽/cm	75	2.714	0.791	75	2.820	0.984	75	2.594	0.763	75	2.527	0.842	0.233	0.329
叶柄长/叶长	75	0.440	0.099	75	0.400	0.079	75	0.432	0.118	75	0.359	0.077	2.12E-02	2.186
叶面积/cm²	75	7.257	3.413	75	7.690	3.735	75	6.935	3.106	75	8.363	3.378	4.376	0.771
叶片圆度/mm	75	0.570	0.066	75	0.583	0.073	75	0.611	0.056	75	0.615	0.052	7.33E-03	1.82
花序长/cm	25	17.140	2.610	25	15.500	1.291	25	13.800	1.924	25	10.800	1.304	41.26	10.4**
比叶鲜重/(mg/cm²)	75	19.995	6.785	75	18.464	6.111	75	13.808	4.989	75	13.540	2.802	1.6E-04	5.185**
比叶干重/(mg/cm²)	75	2.789	2.112	75	2.155	0.330	75	1.935	0.471	75	2.241	0.451	1.58E-06	1.206

**表示 $P<0.01$

（5）表型性状变异统计分析

以长芒苋同质园实验为例，长芒苋 4 个不同纬度地理种群表型性状指标的测定与统计分析结果表明，不同种群间的发芽时间、开花时间、花序长、比叶鲜重具有显著差异，其余指标差异不显著（表 6-3）。长芒苋不同地理种群的发芽时间随纬度的增加而增加。低纬度（浙江宁波）种群的平均发芽时间为 6.364 d、中低纬度（江苏南通）种群的平均发芽时间为 7.143 d、中高纬度（河南荥阳）种群的平均发芽时间为 9.813 d，高纬度（北京丰台）种群的平均发芽时间为 10.476 d。较高纬度（北京丰台、河南荥阳）种群的发芽时间显著长于较低纬度（江苏南通、浙江宁波）种群的发芽时间。北京丰台和河南荥阳两个较高纬度种群间和江苏南通、浙江宁波两个较低纬度种群间发芽时间差异不显著。开花时间随纬度的增加而缩短。较低纬度（浙江宁波和江苏南通）种群的开花时间显著长于高纬度（北京丰台）种群。低纬度（浙江宁波）和中低纬度（江苏南通）种群的平均开花时间分别为 36.455 d 和 32.294 d，而高纬度（北京丰台）种群的平均开花时间仅为 23.429 d，比低纬度（浙江宁波）和中低纬度（江苏南通）的种群提前了 9～13 d（图 6-5）。

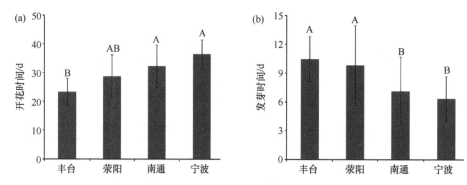

图 6-5　长芒苋不同地理种群的开花时间（a）和发芽时间（b）（曹晶晶等，2020）
大写字母 A、B 表示不同地理种群间差异的显著性（$P<0.01$）。字母相同表示种群间差异不显著，不同表示差异显著

　　长芒苋不同地理种群的花序长存在差异，整体上随纬度的增加而增加。高纬度（北京丰台）种群的平均花序长为 17.140 cm，中高纬度（河南荥阳）、中低纬度（江苏南通）、低纬度（浙江宁波）种群的平均花序长分别为 15.500 cm、13.800 cm、10.800 cm（图 6-6a）。方差分析表明，高纬度（北京丰台）的花序长显著长于较低纬度的 2 个种群。同样，长芒苋不同地理种群的比叶鲜重具有差异，基本呈现随纬度的升高而增加的趋势（图 6-6b）。高纬度（北京丰台）和中高纬度（河南荥阳）的长芒苋种群的比叶鲜重较大，甚至可以达到 20 mg/cm²，而中低纬度（江苏南通）和低纬度（浙江宁波）种群的比叶鲜重较小，还未达到 14 mg/cm²。方差分析表明，较高纬度（北京丰台、河南荥阳）种群的比叶鲜重显著高于较低纬度（江苏南通、浙江宁波）种群。

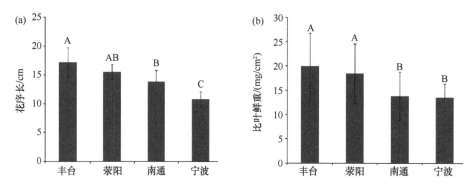

图 6-6　长芒苋不同地理种群的花序长（a）和比叶鲜重（b）（曹晶晶等，2020）
大写字母 A、B、C 表示不同地理种群间差异的显著性（$P<0.01$）。字母相同表示种群间差异不显著，不同表示差异显著

　　长芒苋表型性状指标与可能影响长芒苋繁殖生长的气候环境因素间的回归分析表明，表型变化显著的 4 个指标（开花时间、发芽时间、花序长、比叶鲜重）均受到年平均温度的影响，且呈线性关系。长芒苋的开花时间与年平均温度呈正相关关系（图 6-7a）。发芽时间、花序长和比叶鲜重与年平均温度均呈负相关关系（图 6-7b~d）。

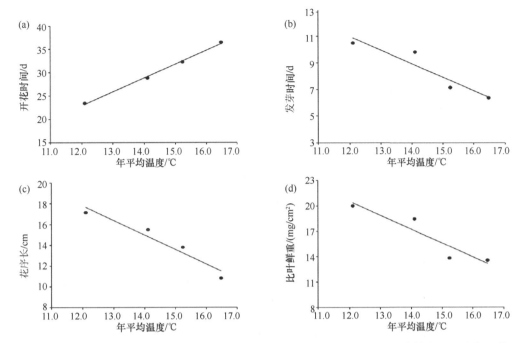

图 6-7　长芒苋不同地理种群开花时间（a）、发芽时间（b）、花序长（c）和比叶鲜重（d）与年平均温度的关系（曹晶晶等，2020）

6.4　总结与展望

在当前全球化进程快速发展的时代，外来植物极易随人类活动传入其原产地分布区以外的地区。外来植物在传入新的地区后常通过表型变异来适应新的环境从而形成入侵。表型可塑性和遗传变异是外来物种在入侵地适应新环境的两种适应性机制，它们之间不是完全独立的，以表型可塑性为机制的适应性进化可能同时也发生了遗传变异。

以长芒苋为例，长芒苋在我国不同纬度地理种群的表型性状间的异同表明其可能存在表型可塑性和遗传变异的复合适应机制。首先，不同地理种群长芒苋株高等表型性状的差异不显著，表明其存在通过表型可塑性来适应环境的特性，表型可塑性可能有助于拓宽其适生的环境条件，是其在我国高纬度的温带地区定殖、建立早期种群的基础和主要因素。但是随着时间的增加，少量的种群会逐渐产生适应性进化，从而能够完成整个生活史、产生种子。长芒苋高纬度和低纬度种群间的生活史指标开花时间和发芽时间、形态指标花序长、生物量指标比叶鲜重具有显著差异，高纬度种群的开花时间明显缩短，这可能是一种适应性进化，是否产生遗传变异还需要进一步的验证。

从以上结果来看，同质园实验是研究遗传和环境因素对植物生长及代谢影响的一种直接有效的方法，对进一步探究不同生态因子对入侵物种的作用具有指导性意义。

参　考　文　献

曹晶晶, 王瑞, 李永革, 等. 2020. 外来入侵植物长芒苋在中国不同地区的表型变异与环境适应性. 植物检疫, 34(3): 25-31.

高峰. 2016. 不得不防的灾害: 物种污染. 环境保护与循环经济, 36(4): 23.

李晓婷, 陈骥, 郭伟. 2018. 不同气候类型下植物物候的影响因素综述. 地球环境学报, 9(1): 16-27.

吴昊. 2017. 入侵植物空心莲子草春季沿纬度变化的群落特征. 浙江农林大学学报, 34(5): 816-824.

闫小玲, 刘全儒, 寿海洋, 等. 2014. 中国外来入侵植物的等级划分与地理分布格局分析. 生物多样性, 22(5): 667-676.

Bagchi R, Gallery R E, Gripenberg S, et al. 2014. Pathogens and insect herbivores drive rainforest plant diversity and composition. Nature, 506: 85-88.

Brown G K, James E A, Simmons C L, et al. 2020. Recently naturalized *Paraserianthes lophantha* subsp. *lophantha* displays contrasting genetic diversity and climate relationships compared to native populations. Diversity, 12: 422.

Habel J C, Schmitt T. 2012. The burden of genetic diversity. Biological Conservation, 147: 270-274.

Kuebbing S, Nuñez M. 2016. Invasive non-native plants have a greater effect on neighbouring natives than other non-natives. Nature Plants, 2: 16134.

Liu W S, Dong M, Song Z P, et al. 2009. Genetic diversity pattern of *Stipa purpurea* populations in the hinterland of Qinghai-Tibet Plateau. Annals of Applied Biology, 154: 57-65.

Piao S L, Liu Q, Chen A P, et al. 2019. Plant phenology and global climate change: current progresses and challenges. Global Change Biology, 25: 1922-1940.

Pyšek P, Hulme P E. 2010. Biological Invasions in Europe 50 Years after Elton: Time to Sound the Alarm // Richardson D M. Fifty Years of Invasion Ecology: the Legacy of Charles Elton. Oxford: Wiley-Blackwell.

Reid W, Mooney H, Cropper A, et al. 2005. Millennium Ecosystem Assessment. Ecosystems and Human Well-being: Synthesis. Washington: Island Press.

Sakai A, Allendorf F, Holt J, et al. 2001. The population biology of invasive species. Annual Review of Ecology and Systematics, 32: 305-332.

Singh A, Roy S. 2017. High altitude population of *Arabidopsis thaliana* is more plastic and adaptive under common garden than controlled condition. BMC Ecology, 17: 39.

Weber E, Sun S G, Li B. 2008. Invasive alien plants in China: diversity and ecological insights. Biological Invasions, 10: 1411-1429.

Westberg E, Ohali S, Shevelevich A, et al. 2013. Environmental effects on molecular and phenotypic variation in populations of *Eruca sativa* across a steep climatic gradient. Ecology and Evolution, 3: 2471-2484.

Williamson M, Fitter A. 1996. The varying success of invaders. Ecology, 77: 1661-1666.

Xiao L, Herve M R, Carrillo J, et al. 2019. Latitudinal trends in growth, reproduction and defense of an invasive plant. Biological Invasions, 21: 189-201.

Yang Q, Ding J Q, Siemann E. 2019. Biogeographic variation of distance-dependent effects in an invasive tree species. Functional Ecology, 33: 1135-1143.

附录　氮添加对陆地生态系统碳循环影响的研究文献

Aerts R, De Caluwe H. 2003. Plant community mediated vs. nutritional controls on litter decomposition rates in grasslands. Ecology, 84: 3198-3208.

Aerts R, Van Logtestijn R S P V, Karlsson P S. 2006. Nitrogen supply differentially affects litter decomposition rates and nitrogen dynamics of sub-arctic bog species. Oecologia, 146: 652-658.

Allard V, Robin C, Newton P C D, et al. 2006. Short and long-term effects of elevated CO_2 on *Lolium perenne* rhizodeposition and its consequences on soil organic matter turnover and plant N yield. Soil Biology and Biochemistry, 38: 1178-1187.

Allison S D, Gartner T B, Mack M C, et al. 2010. Nitrogen alters carbon dynamics during early succession in boreal forest. Soil Biology and Biochemistry, 42: 1157-1164.

Ambus P, Robertson G P. 2006. The effect of increased N deposition on nitrous oxide, methane and carbon dioxide fluxes from unmanaged forest and grassland communities in Michigan. Biogeochemistry, 79: 315-337.

Antoninka A, Reich P B, Johnson N C. 2011. Seven years of carbon dioxide enrichment, nitrogen fertilization and plant diversity influence arbuscular mycorrhizal fungi in a grassland ecosystem. New Phytologist, 192: 200-214.

Arens S J, Sullivan P F, Welker J M. 2008. Nonlinear responses to nitrogen and strong interactions with nitrogen and phosphorus additions drastically alter the structure and function of a high arctic ecosystem. Journal of Geophysical Research: Biogeosciences, 113: G03S09.

Ares A, Fownes J H. 2001. Productivity, resource use, competitive interactions of *Fraxinus uhdei* in Hawaii uplands. Canadian Journal of Forest Research, 31: 132-142.

Augustine D J, Mcnaughton S J, Frank D A. 2003. Feedbacks between soil nutrients and large herbivores in a managed savanna ecosystem. Ecological Applications, 13: 1325-1337.

Aydin I, Uzun F. 2005. Nitrogen and phosphorus fertilization of rangelands affects yield, forage quality and the botanical composition. European Journal of Agronomy, 23: 8-14.

Baer S G, Blair J M. 2008. Grassland establishment under varying resource availability: a test of positive and negative feedback. Ecology, 89: 1859-1871.

Baer S, Blair J, Collins S, et al. 2003. Soil resources regulate productivity and diversity in newly established tallgrass prairie. Ecology, 84: 724-735.

Báez S, Fargione J, Moore D I, et al. 2007. Atmospheric nitrogen deposition in the northern Chihuahuan desert: temporal trends and potential consequences. Journal of Arid Environments, 68: 640-651.

Balík J, Černý J, Tlustoš P, et al. 2003. Nitrogen balance and mineral nitrogen content in the soil in a long experiment with maize under different systems of N fertilization. Plant Soil and Environment, 49: 554-559.

Barger N N, D'antonio C M, Ghneim T, et al. 2002. Nutrient limitation to primary productivity in a secondary savanna in Venezuela1. Biotropica, 34: 493-501.

Barger N N, D'antonio C M, Ghneim T, et al. 2003. Constraints to colonization and growth of the African grass, *Melinis minutiflora*, in a Venezuelan savanna. Plant Ecology, 167: 31-43.

Barnard R, Le Roux X, Hungate B A, et al. 2006. Several components of global change alter nitrifying and denitrifying activities in an annual grassland. Functional Ecology, 20: 557-564.

Basiliko N, Khan A, Prescott C E, et al. 2009. Soil greenhouse gas and nutrient dynamics in fertilized western Canadian plantation forests. Canadian Journal of Forest Research, 39: 1220-1235.

Bassin S, Schalajda J, Vogel A, et al. 2012. Different types of sub‐alpine grassland respond similarly to elevated nitrogen deposition in terms of productivity and sedge abundance. Journal of Vegetation Science, 23: 1024-1034.

Bechtold H, Inouye R. 2007. Distribution of carbon and nitrogen in sagebrush steppe after six years of nitrogen addition and shrub removal. Journal of Arid Environments, 71: 122-132.

Bejarano M, Crosby M M, Parra V, et al. 2014. Precipitation regime and nitrogen addition effects on leaf litter decomposition in tropical dry forests. Biotropica, 46: 415-424.

Bennett L T, Adams M A. 2001. Response of a perennial grassland to nitrogen and phosphorus additions in sub-tropical, semi-arid Australia. Journal of Arid Environments, 48: 289-308.

Berendse F, Van Breemen N, Rydin H, et al. 2001. Raised atmospheric CO_2 levels and increased N deposition cause shifts in plant species composition and production in *Sphagnum* bogs. Global Change Biology, 7: 591-598.

Bobbink R. 1991. Effects of nutrient enrichment in Dutch chalk grassland. Journal of Applied Ecology, 28: 28-41.

Boelman N T, Stieglitz M, Griffin K L, et al. 2005. Inter-annual variability of NDVI in response to long-term warming and fertilization in wet sedge and tussock tundra. Oecologia, 143: 588-597.

Boelman N T, Stieglitz M, Rueth H M, et al. 2003. Response of NDVI, biomass, ecosystem gas exchange to long-term warming and fertilization in wet sedge tundra. Oecologia, 135: 414-421.

Boeye D, Verhagen B, Van Haesebroeck V, et al. 1997. Nutrient limitation in species-rich lowland fens. Journal of Vegetation Science, 8: 415-424.

Bonanomi G, Caporaso S, Allegrezza M. 2006. Short-term effects of nitrogen enrichment, litter removal and cutting on a Mediterranean grassland. Acta Oecologica, 30: 419-425.

Borer E T, Harpole W S, Adler P B, et al. 2014. Finding generality in ecology: a model for globally distributed experiments. Methods in Ecology and Evolution, 5: 65-73.

Bowden R D, Davidson E, Savage K, et al. 2004. Chronic nitrogen additions reduce total soil respiration and microbial respiration in temperate forest soils at the Harvard Forest. Forest Ecology and Management, 196: 43-56.

Bowman W D, Theodose T A, Schardt J C, et al. 1993. Constraints of nutrient availability on primary production in two alpine tundra communities. Ecology, 74: 2085-2097.

Bradley K, Drijber R A, Knops J. 2006. Increased N availability in grassland soils modifies their microbial communities and decreases the abundance of arbuscular mycorrhizal fungi. Soil Biology and Biochemistry, 38: 1583-1595.

Bragazza L, Buttler A, Habermacher J, et al. 2012. High nitrogen deposition alters the decomposition of bog plant litter and reduces carbon accumulation. Global Change Biology, 18: 1163-1172.

Brenner R E, Boone R D, Ruess R W. 2005. Nitrogen additions to pristine, high-latitude, forest ecosystems: consequences for soil nitrogen transformations and retention in mid and late succession. Biogeochemistry, 72: 257-282.

Bubier J L, Moore T R, Bledzki L A. 2007. Effects of nutrient addition on vegetation and carbon cycling in an ombrotrophic bog. Global Change Biology, 13: 1168-1186.

Bucher J B, Tarjan D P, Siegwolf R T W, et al. 1998. Growth of a deciduous tree seedling community in response to elevated CO_2 and nutrient supply. Chemosphere, 36: 777-782.

Burton A J, Jarvey J C, Jarvi M P, et al. 2012. Chronic N deposition alters root respiration-tissue N relationship in northern hardwood forests. Global Change Biology, 18: 258-266.

Burton A J, Pregitzer K S, Crawford J N, et al. 2004. Simulated chronic NO_3^- deposition reduces soil respiration in northern hardwood forests. Global Change Biology, 10: 1080-1091.

Byrne C, Jones M B. 2002. Effects of elevated CO_2 and nitrogen fertiliser on biomass productivity, community structure and species diversity of a semi-natural grassland in Ireland. Biology and Environment: Proceedings of the Royal Irish Academy, 103B: 141-150.

Camill P, Mckone M J, Sturges S T, et al. 2004. Community-and ecosystem-level changes in a species-rich tallgrass prairie restoration. Ecological Applications, 14: 1680-1694.

Campo J, Vázquez-Yanes C. 2004. Effects of nutrient limitation on aboveground carbon dynamics during tropical dry forest regeneration in Yucatán, Mexico. Ecosystems, 7: 311-319.

Carpenter A T, Moore J C, Redente E F, et al. 1990. Plant community dynamics in a semi-arid ecosystem in relation to nutrient addition following a major disturbance. Plant and Soil, 126: 91-99.

Casella E, Soussana J F, Loiseau P. 1996. Long-term effects of CO_2 enrichment and temperature increase on a temperate grass sward. Plant and Soil, 182: 83-99.

Chapin III F S, Shaver G R. 1985. Individualistic growth response of tundra plant species to environmental manipulations in the field. Ecology, 66: 564-576.

Chapin III F S, Shaver G R. 1996. Physiological and growth responses of arctic plants to a field experiment simulating climatic change. Ecology, 77: 822-840.

Chapin III F S, Shaver G R, Giblin A E, et al. 1995. Responses of arctic tundra to experimental and observed changes in climate. Ecology, 76: 694-711.

Chen C, Xu Z, Hughes J. 2002. Effects of nitrogen fertilization on soil nitrogen pools and microbial properties in a hoop pine (*Araucaria cunninghamii*) plantation in southeast Queensland, Australia. Biology and Fertility of Soils, 36: 276-283.

Chen Q, Hooper D U, Lin S. 2011. Shifts in species composition constrain restoration of overgrazed grassland using nitrogen fertilization in Inner Mongolian steppe, China. PLoS One, 6: e16909.

Chen X, Li Y, Mo J, et al. 2012a. Effects of nitrogen deposition on soil organic carbon fractions in the subtropical forest ecosystems. Journal of Plant Nutrition and Soil Science, 175: 947-953.

Chen X, Liu J, Deng Q, et al. 2012b. Effects of elevated CO_2 and nitrogen addition on soil organic carbon fractions in a subtropical forest. Plant and Soil, 357: 25-34.

Chiang C, Craft C B, Rogers D W, et al. 2000. Effects of 4 years of nitrogen and phosphorus additions on Everglades plant communities. Aquatic Botany, 68: 61-78.

Christensen T R, Michelsen A, Jonasson S, et al. 1997. Carbon dioxide and methane exchange of a subarctic heath in response to climate change related environmental manipulations. Oikos, 79: 34-44.

Christiansen C T, Schmidt N M, Michelsen A. 2012. High Arctic dry heath CO_2 exchange during the early cold season. Ecosystems, 15: 1083-1092.

Churchland C, Mayo-Bruinsma L, Ronson A, et al. 2010. Soil microbial and plant community responses to single large carbon and nitrogen additions in low arctic tundra. Plant and Soil, 334: 409-421.

Cleveland C C, Townsend A R. 2006. Nutrient additions to a tropical rain forest drive substantial soil carbon dioxide losses to the atmosphere. Proceedings of the National Academy of Sciences of the United States of America, 103: 10316-10321.

Cobb W R, Will R E, Daniels R F, et al. 2008. Aboveground biomass and nitrogen in four short-rotation woody crop species growing with different water and nutrient availabilities. Forest Ecology and Management, 255: 4032-4039.

Cole L, Buckland S M, Bardgett R D. 2008. Influence of disturbance and nitrogen addition on plant and soil animal diversity in grassland. Soil Biology and Biochemistry, 40: 505-514.

Compton J E, Watrud L S, Arlene Porteous L, et al. 2004. Response of soil microbial biomass and community composition to chronic nitrogen additions at Harvard forest. Forest Ecology and Management, 196: 143-158.

Contosta A R, Frey S D, Cooper A B. 2011. Seasonal dynamics of soil respiration and N mineralization in chronically warmed and fertilized soils. Ecosphere, 2: 1-21.

Corre M D, Beese F O, Brumme R. 2003. Soil nitrogen cycle in high nitrogen deposition forest: changes under nitrogen saturation and liming. Ecological Applications, 13: 287-298.

Cross M S, Harte J. 2007. Compensatory responses to loss of warming-sensitive plant species. Ecology, 88: 740-748.

Currie W S, Nadelhoffer K J, Colman B. 2002. Long-term movement of ^{15}N tracers into fine woody debris under chronically elevated N inputs. Plant and Soil, 238: 313-323.

Cusack D F, Silver W L, Torn M S, et al. 2011. Effects of nitrogen additions on above- and belowground carbon dynamics in two tropical forests. Biogeochemistry, 104: 203-225.

Cusack D F, Torn M S, Mcdowell W H, et al. 2010. The response of heterotrophic activity and carbon cycling to nitrogen additions and warming in two tropical soils. Global Change Biology, 16: 2555-2572.

D'Antonio C M, Mack M C. 2006. Nutrient Limitation in a Fire-derived, Nitrogen-rich Hawaiian Grassland 1.

Biotropica, 38: 458-467.

Davidson E A, Reis De Carvalho C J, Vieira I C G, et al. 2004. Nitrogen and phosphorus limitation of biomass growth in a tropical secondary forest. Ecological Applications, 14: 150-163.

Davis M R, Allen R B, Clinton P W. 2004. The influence of N addition on nutrient content, leaf carbon isotope ratio, productivity in a Nothofagus forest during stand development. Canadian Journal of Forest Research, 34: 2037-2048.

Day T A, Ruhland C T, Xiong F S. 2008. Warming increases aboveground plant biomass and C stocks in vascular-plant-dominated Antarctic tundra. Global Change Biology, 14: 1827-1843.

DeMarco J, Mack M C, Bret-Harte M S, et al. 2014. Long-term experimental warming and nutrient additions increase productivity in tall deciduous shrub tundra. Ecosphere, 5: 1-22.

Deng Q, Cheng X, Zhou G, et al. 2013. Seasonal responses of soil respiration to elevated CO_2 and N addition in young subtropical forest ecosystems in southern China. Ecological Engineering, 61: 65-73.

Deng Q, Zhou G Y, Liu J X, et al. 2009. Effects of CO_2 enrichment, high nitrogen deposition and high precipitation on a model forest ecosystem in southern China. Chinese Journal of Plant Ecology, 33: 1023-1033.

Deng Q, Zhou G, Liu J, et al. 2010. Responses of soil respiration to elevated carbon dioxide and nitrogen addition in young subtropical forest ecosystems in China. Biogeosciences, 7: 315-328.

Dickson T L, Gross K L. 2013. Plant community responses to long-term fertilization: changes in functional group abundance drive changes in species richness. Oecologia, 173: 1513-1520.

Dijkstra F A, Hobbie S E, Reich P B, et al. 2005. Divergent effects of elevated CO_2, N fertilization, plant diversity on soil C and N dynamics in a grassland field experiment. Plant and Soil, 272: 41-52.

Ding W, Cai Y, Cai Z, et al. 2007. Soil respiration under maize crops: effects of water, temperature, nitrogen fertilization. Soil Science Society of America Journal, 71: 944-951.

Dou J X, Liu J S, Wang Y, et al. 2008. Effects of simulated nitrogen deposition on biomass of wetland Plant and Soil active carbon pool. Chinese Journal of Applied Ecology, 19: 1714-1720.

Du E, Zhou Z, Li P, et al. 2013. NEECF: a project of nutrient enrichment experiments in China's forests. Journal of Plant Ecology, 6: 428-435.

Du Y, Guo P, Liu J, et al. 2014a. Different types of nitrogen deposition show variable effects on the soil carbon cycle process of temperate forests. Global Change Biology, 20: 3222-3228.

Du Z, Wang W, Zeng W, et al. 2014b. Nitrogen deposition enhances carbon sequestration by plantations in Northern China. PLoS One, 9: e87975.

Duan H, Liu J, Deng Q, et al. 2009. Effects of elevated CO_2 and N deposition on plant biomass accumulation and allocation in subtropical forest ecosystems: a mesocosm study. Chinese Journal of Plant Ecology, 33: 570-579.

Dukes J S, Chiariello N R, Cleland E E, et al. 2005. Responses of grassland production to single and multiple global environmental changes. PLoS Biology, 3: 1829-1837.

Fan H, Yuan Y, Wang Q, et al. 2007. Effects of nitrogen deposition on soil organic carbon and total nitrogen beneath Chinese fir plantations. Journal of Fujian College of Forestry, 27: 1-6.

Fang H, Cheng S, Yu G, et al. 2014. Experimental nitrogen deposition alters the quantity and quality of soil dissolved organic carbon in an alpine meadow on the Qinghai-Tibetan Plateau. Applied Soil Ecology, 81: 1-11.

Fang Q, Yu Q, Wang E, et al. 2006. Soil nitrate accumulation, leaching and crop nitrogen use as influenced by fertilization and irrigation in an intensive wheat? C-maize double cropping system in the North China Plain. Plant and Soil, 284: 335-350.

Fang X, Liu J, Zhang D, et al. 2012. Effects of precipitation change and nitrogen addition on organic carbon mineralization and soil microbial carbon of the forest soils in Dinghushan, southeastern China. Chinese Journal of Applied and Environmental Biology, 18: 531-538.

Fang Y, Xun F, Bai W, et al. 2012. Long-term nitrogen addition leads to loss of species richness due to litter accumulation and soil acidification in a temperate steppe. PLoS One, 7: e47369.

Fanselow N, Schönbach P, Gong X Y, et al. 2011. Short-term regrowth responses of four steppe grassland species to grazing intensity, water and nitrogen in Inner Mongolia. Plant and Soil, 340: 279-289.

Fornara D A, Banin L, Crawley M. 2013. Multi-nutrient vs. nitrogen-only effects on carbon sequestration in grassland soils. Global Change Biology, 19: 3848-3857.

Fornara D A, Tilman D. 2012. Soil carbon sequestration in prairie grasslands increased by chronic nitrogen addition. Ecology, 93: 2030-2036.

Frost J W, Schleicher T, Craft C. 2009. Effects of nitrogen and phosphorus additions on primary production and invertebrate densities in a Georgia (USA) tidal freshwater marsh. Wetlands, 29: 196-203.

Gallo M, Lauber C, Cabaniss S, et al. 2005. Soil organic matter and litter chemistry response to experimental N deposition in northern temperate deciduous forest ecosystems. Global Change Biology, 11: 1514-1521.

Gao Y Z, Chen Q, Lin S, et al. 2011. Resource manipulation effects on net primary production, biomass allocation and rain-use efficiency of two semiarid grassland sites in Inner Mongolia, China. Oecologia, 165: 855-864.

Gendron F, Wilson S D. 2007. Responses to fertility and disturbance in a low-diversity grassland. Plant Ecology, 191: 199-207.

Gerdol R, Petraglia A, Bragazza L, et al. 2007. Nitrogen deposition interacts with climate in affecting production and decomposition rates in *Sphagnum* mosses. Global Change Biology, 13: 1810-1821.

Giardina C P, Ryan M G, Binkley D, et al. 2003. Primary production and carbon allocation in relation to nutrient supply in a tropical experimental forest. Global Change Biology, 9: 1438-1450.

Gill R A. 2014. The influence of 3-years of warming and N-deposition on ecosystem dynamics is small compared to past land use in subalpine meadows. Plant and Soil, 374: 197-210.

Gnankambary Z, Ilstedt U, Nyberg G, et al. 2008. Nitrogen and phosphorus limitation of soil microbial respiration in two tropical agroforestry parklands in the south-Sudanese zone of Burkina Faso: the effects of tree canopy and fertilization. Soil Biology and Biochemistry, 40: 350-359.

Gong S, Guo R, Zhang T, et al. 2015. Warming and Nitrogen Addition Increase Litter Decomposition in a Temperate Meadow Ecosystem. PLoS One, 10: e0116013.

Gough L, Hobbie S E. 2003. Responses of moist non-acidic arctic tundra to altered environment: productivity, biomass, species richness. Oikos, 103: 204-216.

Green E K, Galatowitsch S M. 2002. Effects of *Phalaris arundinacea* and nitrate-N addition on the establishment of wetland plant communities. Journal of Applied Ecology, 39: 134-144.

Grogan P, Chapin F S. 2000. Nitrogen limitation of production in a Californian annual grassland: The contribution of arbuscular mycorrhizae. Biogeochemistry, 49: 37-51.

Gulledge J, Schimel J P. 2000. Controls on soil carbon dioxide and methane fluxes in a variety of taiga forest stands in interior Alaska. Ecosystems, 3: 269-282.

Gundale M J, From F, Bach L H, et al. 2014. Anthropogenic nitrogen deposition in boreal forests has a minor impact on the global carbon cycle. Global Change Biology, 20: 276-286.

Gunnarsson U, Rydin H. 2000. Nitrogen fertilization reduces *Sphagnum* production in bog communities. New Phytologist, 147: 527-537.

Güsewell S, Koerselman W, Verhoeven J T. 2003. Biomass N : P ratios as indicators of nutrient limitation for plant populations in wetlands. Ecological Applications, 13: 372-384.

Haag R W. 1974. Nutrient limitations to plant production in two tundra communities. Canadian Journal of Botany, 52: 103-116.

Hagedorn F, Kammer A, Schmidt M W, et al. 2012. Nitrogen addition alters mineralization dynamics of ^{13}C - depleted leaf and twig litter and reduces leaching of older DOC from mineral soil. Global Change Biology, 18: 1412-1427.

Haile-Mariam S, Cheng W, Johnson D W, et al. 2000. Use of carbon-13 and carbon-14 to measure the effects of carbon dioxide and nitrogen fertilization on carbon dynamics in ponderosa pine. Soil Science Society of America Journal, 64: 1984-1993.

Han X, Tsunekawa A, Tsubo M, et al. 2011. Aboveground biomass response to increasing nitrogen deposition on grassland on the northern Loess Plateau of China. Acta Agriculturae Scandinavica Section B–Soil and Plant Science, 61: 112-121.

Han Y, Zhang Z, Wang C, et al. 2012. Effects of mowing and nitrogen addition on soil respiration in three patches in an oldfield grassland in Inner Mongolia. Journal of Plant Ecology, 5: 219-228.

Hao W, Yu L, Chen L, et al. 2014. Responses of soil respiration to reduced water table and nitrogen addition in an alpine wetland on the Qinghai-Xizang Plateau. Chinese Journal of Plant Ecology, 38: 619-625.

Harpole W S, Potts D L, Suding K N. 2007. Ecosystem responses to water and nitrogen amendment in a California grassland. Global Change Biology, 13: 2341-2348.

Harrington R A, Fownes J H, Vitousek P M. 2001. Production and resource use efficiencies in N-and P-limited tropical forests: a comparison of responses to long-term fertilization. Ecosystems, 4: 646-657.

Hasselquist N J, Metcalfe D B, Högberg P. 2012. Contrasting effects of low and high nitrogen additions on soil CO_2 flux components and ectomycorrhizal fungal sporocarp production in a boreal forest. Global Change Biology, 18(12): 3596-3605.

Hati K M, Swarup A, Dwivedi A, et al. 2007. Changes in soil physical properties and organic carbon status at the topsoil horizon of a vertisol of central India after 28 years of continuous cropping, fertilization and manuring. Agriculture, Ecosystems and Environment, 119: 127-134.

Hebeisen T, Lüscher A, Nösberger J. 1997. Effects of elevated atmospheric CO_2 and nitrogen fertilisation on yield of *Trifolium repens* and *Lolium perenne*. Acta Oecologica, 18: 277-284.

Heijmans M M, Berendse F, Arp W J, et al. 2001. Effects of elevated carbon dioxide and increased nitrogen deposition on bog vegetation in the Netherlands. Journal of Ecology, 89: 268-279.

Henry H A, Chiariello N R, Vitousek P M, et al. 2006. Interactive effects of fire, elevated carbon dioxide, nitrogen deposition, precipitation on a California annual grassland. Ecosystems, 9: 1066-1075.

Herbert D A, Fownes J H. 1995. Phosphorus limitation of forest leaf area and net primary production on a highly weathered soil. Biogeochemistry, 29(3): 223-235.

Hill P W, Marshall C, Williams G G, et al. 2007. The fate of photosynthetically-fixed carbon in *Lolium perenne* grassland as modified by elevated CO_2 and sward management. New Phytologist, 173: 766-777.

Hobbie S E. 2000. Interactions between litter lignin and soil nitrogen availability during leaf litter decomposition in a Hawaiian montane forest. Ecosystems, 3: 484-494.

Hobbie S E. 2008. Nitrogen effects on decomposition: a five-year experiment in eight temperate sites. Ecology, 89: 2633-2644.

Hoosbeek M R, Van Breemen N, Vasander H, et al. 2002. Potassium limits potential growth of bog vegetation under elevated atmospheric CO_2 and N deposition. Global Change Biology, 8: 1130-1138.

Hossain A, Raison R, Khanna P. 1995. Effects of fertilizer application and fire regime on soil microbial biomass carbon and nitrogen, nitrogen mineralization in an Australian subalpine eucalypt forest. Biology and Fertility of Soils, 19: 246-252.

Hu Y L, Zeng D H, Liu Y X, et al. 2010. Responses of soil chemical and biological properties to nitrogen addition in a *Dahurian larch* plantation in Northeast China. Plant and Soil, 333: 81-92.

Huang Z, Clinton P W, Baisden W T, et al. 2011. Long-term nitrogen additions increased surface soil carbon concentration in a forest plantation despite elevated decomposition. Soil Biology and Biochemistry, 43: 302-307.

Hungate B A, Hart S C, Selmants P C, et al. 2007. Soil responses to management, increased precipitation, added nitrogen in ponderosa pine forests. Ecological Applications, 17: 1352-1365.

Hungate B A, Lund C P, Pearson H L, et al. 1997. Elevated CO_2 and nutrient addition after soil N cycling and N trace gas fluxes with early season wet-up in a California annual grassland. Biogeochemistry, 37: 89-109.

Hutchison J S, Henry H A. 2010. Additive effects of warming and increased nitrogen deposition in a temperate old field: plant productivity and the importance of winter. Ecosystems, 13: 661-672.

Illeris L, Michelsen A, Jonasson S. 2003. Soil plus root respiration and microbial biomass following water, nitrogen, phosphorus application at a high arctic semi desert. Biogeochemistry, 65: 15-29.

Iversen C M, Bridgham S D, Kellogg L E. 2010. Scaling plant nitrogen use and uptake efficiencies in response to nutrient addition in peatlands. Ecology, 91: 693-707.

Iversen C M, Norby R J. 2008. Nitrogen limitation in a sweetgum plantation: implications for carbon allocation and storage. Canadian Journal of Forest Research, 38: 1021-1032.

Jackson R B, Cook C W, Pippen J S, et al. 2009. Increased belowground biomass and soil CO_2 fluxes after a decade of carbon dioxide enrichment in a warm-temperate forest. Ecology, 90: 3352-3366.

Jaoudé R A, Lagomarsino A, De Angelis P. 2011. Impacts of nitrogen fertilisation and coppicing on total and heterotrophic soil CO_2 efflux in a short rotation poplar plantation. Plant and Soil, 339: 219-230.

Jia G M, Cao J, Wang G. 2005. Influence of land management on soil nutrients and microbial biomass in the central Loess Plateau, Northwest China. Land Degradation and Development, 16: 455-462.

Jia S X, Wang Z Q, Mei L, et al. 2007. Effect of nitrogen fertilization on soil respiration in *Larix gmelinii* and *Fraxinus mandshurica* plantations in China. Chinese Journal of Plant Ecology, 31: 372-379.

Jia X X, Shao M A, Wei X R. 2013. Soil CO_2 efflux in response to the addition of water and fertilizer in temperate semiarid grassland in northern China. Plant and Soil, 373: 125-141.

Jia X, Shao M A, Wei X. 2012. Responses of soil respiration to N addition, burning and clipping in temperate semiarid grassland in northern China. Agricultural and Forest Meteorology, 166: 32-40.

Johnson D W, Ball J T, Walker R F. 1997. Effects of CO_2 and nitrogen fertilization on vegetation and soil nutrient content in juvenile ponderosa pine. Plant and Soil, 190: 29-40.

Johnson D W, Cheng W, Ball J T. 2000. Effects of $[CO_2]$ and nitrogen fertilization on soils planted with ponderosa pine. Plant and Soil, 224: 99-113.

Johnson D, Geisinger D, Walker R, et al. 1994. Soil pCO_2, soil respiration, root activity in CO_2-fumigated and nitrogen-fertilized ponderosa pine. Plant and Soil, 165: 129-138.

Johnson D, Leake J, Read D. 2005. Liming and nitrogen fertilization affects phosphatase activities, microbial biomass and mycorrhizal colonisation in upland grassland. Plant and Soil, 271: 157-164.

Jones S, Rees R, Kosmas D, et al. 2006. Carbon sequestration in a temperate grassland; management and climatic controls. Soil Use and Management, 22: 132-142.

Jourdan C, Silva E V, Gonçalves J L M, et al. 2008. Fine root production and turnover in Brazilian *Eucalyptus* plantations under contrasting nitrogen fertilization regimes. Forest Ecology and Management, 256: 396-404.

Juutinen S, Bubier J L, Moore T R. 2010. Responses of vegetation and ecosystem CO_2 exchange to 9 years of nutrient addition at Mer Bleue Bog. Ecosystems, 13: 874-887.

Keeler B L, Hobbie S E, Kellogg L E. 2009. Effects of long-term nitrogen addition on microbial enzyme activity in eight forested and grassland sites: implications for litter and soil organic matter decomposition. Ecosystems, 12: 1-15.

Keller J K, Bridgham S D, Chapin C T, et al. 2005. Limited effects of six years of fertilization on carbon mineralization dynamics in a Minnesota fen. Soil Biology and Biochemistry, 37: 1197-1204.

Ket W A, Schubauer-Berigan J P, Craft C B. 2011. Effects of five years of nitrogen and phosphorus additions on a *Zizaniopsis miliacea* tidal freshwater marsh. Aquatic Botany, 95: 17-23.

Kim M K, Henry H A. 2013. Net ecosystem CO_2 exchange and plant biomass responses to warming and N addition in a grass-dominated system during two years of net CO_2 efflux. Plant and Soil, 371: 409-421.

Klanderud K, Totland Ø. 2005. Simulated climate change altered dominance hierarchies and diversity of an alpine biodiversity hotspot. Ecology, 86: 2047-2054.

Koehler B, Corre M D, Veldkamp E, et al. 2009a. Chronic nitrogen addition causes a reduction in soil carbon dioxide efflux during the high stem-growth period in a tropical montane forest but no response from a tropical lowland forest on a decadal time scale. Biogeosciences, 6: 2973-2983.

Koehler B, Corre M D, Veldkamp E, et al. 2009b. Immediate and long-term nitrogen oxide emissions from tropical forest soils exposed to elevated nitrogen input. Global Change Biology, 15: 2049-2066.

Kong D L, Lü X T, Jiang L L, et al. 2013. Extreme rainfall events can alter inter-annual biomass responses to water and N enrichment. Biogeosciences, 10: 8129-8138.

Ladwig L M, Collins S L, Swann A L, et al. 2012. Above-and belowground responses to nitrogen addition in a Chihuahuan Desert grassland. Oecologia, 169: 177-185.

Lagomarsino A, Lukac M, Godbold D L, et al. 2013. Drivers of increased soil respiration in a poplar coppice exposed to elevated CO_2. Plant and Soil, 362: 93-106.

Lamb E G, Han S, Lanoil B D, et al. 2011. A High Arctic soil ecosystem resists long-term environmental manipulations. Global Change Biology, 17: 3187-3194.

Lamb E G, Shore B H, Cahill J F. 2007. Water and nitrogen addition differentially impact plant competition in a native rough fescue grassland. Plant Ecology, 192: 21-33.

Lee K H, Jose S. 2003. Soil respiration, fine root production, microbial biomass in cottonwood and loblolly pine plantations along a nitrogen fertilization gradient. Forest Ecology and Management, 185: 263-273.

Leppälammi-Kujansuu J, Ostonen I, Strömgren M, et al. 2013. Effects of long-term temperature and nutrient manipulation on Norway spruce fine roots and mycelia production. Plant and Soil, 366: 287-303.

Li H, Hu Z, Yang Y, et al. 2010a. Effects of simulated nitrogen deposition on soil respiration in north subtropical deciduous broad-leaved forest. Environment Science, 31: 1726-1732.

Li J, Lin S, Taube F, et al. 2011a. Above and belowground net primary productivity of grassland influenced by supplemental water and nitrogen in Inner Mongolia. Plant and Soil, 340: 253-264.

Li K, Jiang H, You M, et al. 2011b. Effect of simualted nitrogen deposition on the soil respiration of *Lithocarpus glabra* and *Castanopsis sclerophylla*. Acta Ecologica Sinica, 31: 82-89.

Li K, Liu X, Song L, et al. 2015. Response of alpine grassland to elevated nitrogen deposition and water supply in China. Oecologia, 177: 65-72.

Li L J, Zeng D H, Yu Z Y, et al. 2009. Effects of nitrogen addition on grassland species diversity and productivity in Keerqin Sandy Land. Chinese Journal of Applied Ecology, 20: 1838-1844.

Li R H, Tu L H, Hu T X, et al. 2010b. Effects of simulated nitrogen deposition on soil respiration in a *Neosinocalamus affinis* plantation in Rainy Area of West China. Chinese Journal of Applied Ecology, 21: 1649-1655.

Li X, Zheng X, Han S, et al. 2010c. Effects of nitrogen additions on nitrogen resorption and use efficiencies and foliar litterfall of six tree species in a mixed birch and poplar forest, northeastern China. Canadian Journal of Forest Research, 40: 2256-2261.

Li Y, Xu M, Zou X. 2006. Effects of nutrient additions on ecosystem carbon cycle in a Puerto Rican tropical wet forest. Global Change Biology, 12: 284-293.

Liang C, Balser T C. 2012. Warming and nitrogen deposition lessen microbial residue contribution to soil carbon pool. Nature Communications, 3: 1222.

Liberloo M, Dillen S Y, Calfapietra C, et al. 2005. Elevated CO_2 concentration, fertilization and their interaction: growth stimulation in a short-rotation poplar coppice (EUROFACE). Tree Physiology, 25: 179-189.

Lin G G, Zhao Q, Zhao L, et al. 2012. Effects of understory removal and nitrogen addition on the soil chemical and biological properties of *Pinus sylvestris* var. *mongolica* plantation in Keerqin Sandy Land. The Journal of Applied Ecology, 23: 1188-1194.

Lisa B, Matteo G, Marcello T, et al. 2007. Responses of subalpine dwarf-shrub heath to irrigation and fertilization. Journal of Vegetation Science, 18: 337-344.

Liu B, Mou C, Yan G, et al. 2016. Annual soil CO_2 efflux in a cold temperate forest in northeastern China: effects of winter snowpack and artificial nitrogen deposition. Scientific Reports, 6: 189571.

Liu E, Yan C, Mei X, et al. 2010a. Long-term effect of chemical fertilizer, straw, manure on soil chemical and biological properties in northwest China. Geoderma, 158: 173-180.

Liu J X, Zhou G Y, Zhang D Q, et al. 2010b. Carbon dynamics in subtropical forest soil: effects of atmospheric carbon dioxide enrichment and nitrogen addition. Journal of Soils and Sediments, 10: 730-738.

Liu J, Xu Z, Zhang D, et al. 2011. Effects of carbon dioxide enrichment and nitrogen addition on inorganic carbon leaching in subtropical model forest ecosystems. Ecosystems, 14: 683-697.

Liu K, Crowley D. 2009. Nitrogen deposition effects on carbon storage and fungal: bacterial ratios in coastal sage scrub soils of southern California. Journal of Environmental Quality, 38: 2267-2272.

Liu L, Zhang T, Gilliam F S, et al. 2013. Interactive effects of nitrogen and phosphorus on soil microbial communities in a tropical forest. PLoS One, 8: e61188.

Liu P, Huang J, Han X, et al. 2006. Differential responses of litter decomposition to increased soil nutrients and water between two contrasting grassland plant species of Inner Mongolia, China. Applied Soil Ecology,

34: 266-275.

Liu W, Jiang L, Hu S, et al. 2014. Decoupling of soil microbes and plants with increasing anthropogenic nitrogen inputs in a temperate steppe. Soil Biology and Biochemistry, 72: 116-122.

Liu W, Xu W, Han Y, et al. 2007. Responses of microbial biomass and respiration of soil to topography, burning, nitrogen fertilization in a temperate steppe. Biology and Fertility of Soils, 44: 259-268.

Liu W, Xu W, Hong J, et al. 2010c. Interannual variability of soil microbial biomass and respiration in responses to topography, annual burning and N addition in a semiarid temperate steppe. Geoderma, 158: 259-267.

Liu W, Zhang Z H E, Wan S. 2009. Predominant role of water in regulating soil and microbial respiration and their responses to climate change in a semiarid grassland. Global Change Biology, 15: 184-195.

Liu Y, Shi G, Mao L, et al. 2012. Direct and indirect influences of 8 yr of nitrogen and phosphorus fertilization on Glomeromycota in an alpine meadow ecosystem. New Phytologist, 194: 523-535.

Long F L, Li Y Y, Fang X, et al. 2014. Effects of elevated CO_2 concentration and nitrogen addition on soil carbon stability in southern subtropical experimental forest ecosystems. Chinese Journal of Plant Ecology, 38: 1053-1063.

Lovelock C E, Feller I C, Ellis J, et al. 2007. Mangrove growth in New Zealand estuaries: the role of nutrient enrichment at sites with contrasting rates of sedimentation. Oecologia, 153: 633-641.

Lovett G M, Arthur M A, Weathers K C, et al. 2013. Nitrogen addition increases carbon storage in soils, but not in trees, in an eastern US deciduous forest. Ecosystems, 16: 980-1001.

Lü X T, Kong D L, Pan Q M, et al. 2012. Nitrogen and water availability interact to affect leaf stoichiometry in a semi-arid grassland. Oecologia, 168: 301-310.

Lu X, Gilliam F S, Yu G, et al. 2013. Long-term nitrogen addition decreases carbon leaching in a nitrogen-rich forest ecosystem. Biogeosciences, 10: 3931-3941.

Ludwig F, Kroon H, Prins H H, et al. 2001. Effects of nutrients and shade on tree-grass interactions in an East African savanna. Journal of Vegetation Science, 12: 579-588.

Lugato E, Berti A, Giardini L. 2006. Soil organic carbon (SOC) dynamics with and without residue incorporation in relation to different nitrogen fertilization rates. Geoderma, 135: 315-321.

Mack M C, Schuur E A, Bret-Harte M S, et al. 2004. Ecosystem carbon storage in arctic tundra reduced by long-term nutrient fertilization. Nature, 431: 440-443.

Magill A H, Aber J D, Currie W S, et al. 2004. Ecosystem response to 15 years of chronic nitrogen additions at the Harvard Forest LTER, Massachusetts, USA. Forest Ecology and Management, 196: 7-28.

Magill A H, Downs M R, Nadelhoffer K J, et al. 1996. Forest ecosystem response to four years of chronic nitrate and sulfate additions at Bear Brooks Watershed, Maine, USA. Forest Ecology and Management, 84(1-3): 29-37.

Maie C A, Kress L W. 2000. Soil CO_2 evolution and root respiration in 11 year-old loblolly pine (*Pinus taeda*) plantations as affected by moisture and nutrient availability. Canadian Journal of Forest Research, 30: 347-359.

Mäkipää R. 1995. Effect of nitrogen input on carbon accumulation of boreal forest soils and ground vegetation. Forest Ecology and Management, 79: 217-226.

Maljanen M, Jokinen H, Saari A, et al. 2006. Methane and nitrous oxide fluxes, carbon dioxide production in boreal forest soil fertilized with wood ash and nitrogen. Soil Use and Management, 22: 151-157.

Matsushima M, Chang S X. 2007. Effects of understory removal, N fertilization, litter layer removal on soil N cycling in a 13-year-old white spruce plantation infested with Canada bluejoint grass. Plant and Soil, 292: 243-258.

Mcdowell W H, Magill A H, Aitkenhead-Peterson J A, et al. 2004. Effects of chronic nitrogen amendment on dissolved organic matter and inorganic nitrogen in soil solution. Forest Ecology and Management, 196: 29-41.

McMaster G S, Jow W M, Kummerow J. 1982. Response of *Adenostoma fasciculatum* and *Ceanothus greggii* chaparral to nutrient additions. The Journal of Ecology, 70: 745-756.

Michelsen A, Jonasson S, Sleep D, et al. 1996. Shoot biomass, $\delta^{13}C$, nitrogen and chlorophyll responses of two arctic dwarf shrubs to *in situ* shading, nutrient application and warming simulating climatic change. Oecologia, 105: 1-12.

Micks P, Aber J D, Boone R D, et al. 2004. Short-term soil respiration and nitrogen immobilization response to nitrogen applications in control and nitrogen-enriched temperate forests. Forest Ecology and Management, 196: 57-70.

Mikan C J, Zak D R, Kubiske M E, et al. 2000. Combined effects of atmospheric CO_2 and N availability on the belowground carbon and nitrogen dynamics of aspen mesocosms. Oecologia, 124: 432-445.

Mirmanto E, Proctor J, Green J, et al. 1999. Effects of nitrogen and phosphorus fertilization in a lowland evergreen rainforest. Philosophical Transactions of the Royal Society B: Biological Sciences, 354: 1825-1829.

Mo J, Zhang W, Zhu W, et al. 2007. Response of soil respiration to simulated N deposition in a disturbed and a rehabilitated tropical forest in southern China. Plant and Soil, 296: 125-135.

Mo J, Zhang W, Zhu W, et al. 2008. Nitrogen addition reduces soil respiration in a mature tropical forest in southern China. Global Change Biology, 14: 403-412.

Neff J C, Townsend A R, Gleixner G, et al. 2002. Variable effects of nitrogen additions on the stability and turnover of soil carbon. Nature, 419: 915-917.

Ngai J T, Jefferies R L. 2004. Nutrient limitation of plant growth and forage quality in Arctic coastal marshes. Journal of Ecology, 92: 1001-1010.

Ni K, Ding W, Cai Z, et al. 2012. Soil carbon dioxide emission from intensively cultivated black soil in Northeast China: nitrogen fertilization effect. Journal of Soils and Sediments, 12: 1007-1018.

Nielsen P L, Andresen L C, Michelsen A, et al. 2009. Seasonal variations and effects of nutrient applications on N and P and microbial biomass under two temperate heathland plants. Applied Soil Ecology, 42: 279-287.

Niu S, Wu M, Han Y I, et al. 2010. Nitrogen effects on net ecosystem carbon exchange in a temperate steppe. Global Change Biology, 16: 144-155.

Niu S, Xing X, Zhang Z H E, et al. 2011. Water-use efficiency in response to climate change: from leaf to ecosystem in a temperate steppe. Global Change Biology, 17: 1073-1082.

Niu S, Yang H, Zhang Z, et al. 2009. Non-additive effects of water and nitrogen addition on ecosystem carbon exchange in a temperate steppe. Ecosystems, 12: 915-926.

Nohrstedt H Ö, Arnebrant K, Bååth E, et al. 1989. Changes in carbon content, respiration rate, ATP content, microbial biomass in nitrogen-fertilized pine forest soils in Sweden. Canadian Journal of Forest Research, 19: 323-328.

Nowinski N S, Trumbore S E, Jimenez G, et al. 2009. Alteration of belowground carbon dynamics by nitrogen addition in southern California mixed conifer forests. Journal of Geophysical Research: Biogeosciences, 114: G02005.

Øien D I. 2004. Nutrient limitation in boreal rich-fen vegetation: A fertilization experiment. Applied Vegetation Science, 7: 119-132.

Olsson P, Linder S, Giesler R, et al. 2005. Fertilization of boreal forest reduces both autotrophic and heterotrophic soil respiration. Global Change Biology, 11: 1745-1753.

Ostertag R. 2001. Effects of nitrogen and phosphorus availability on fine-root dynamics in Hawaiian montane forests. Ecology, 82: 485-499.

Pan Q M, Bai Y F, Han X G, et al. 2005. Effects of nitrogen additions on a *Leymus chinensis* population in typical steppe of Inner Mongolia. Chinese Journal of Plant Ecology, 29: 311-317.

Persson H, Ahlström K. 1990. The effects of forest liming on fertilization on fine-root growth. Water, Air, Soil Pollution, 54: 365-375.

Phillips D L, Johnson M G, Tingey D T, et al. 2006. CO_2 and N-fertilization effects on fine-root length, production, mortality: a 4-year ponderosa pine study. Oecologia, 148: 517-525.

Phillips R P, Fahey T J. 2007. Fertilization effects on fineroot biomass, rhizosphere microbes and respiratory fluxes in hardwood forest soils. New Phytologist, 176: 655-664.

Pregitzer K S, Burton A J, Zak D R, et al. 2008. Simulated chronic nitrogen deposition increases carbon storage in Northern Temperate forests. Global Change Biology, 14: 142-153.

Pregitzer K S, Zak D R, Burton A J. 2004. Chronic nitrate additions dramatically increase the export of carbon and nitrogen from northern hardwood ecosystems. Biogeochemistry, 68: 179-197.

Priess J A, Fölster H. 2001. Microbial properties and soil respiration in submontane forests of Venezuelian Guyana: characteristics and response to fertilizer treatments. Soil Biology and Biochemistry, 33: 503-509.

Qi Y, Mulder J, Duan L, et al. 2015. Short-term effects of simulating nitrogen deposition on soil organic carbon in a *Stipa krylovii* steppe. Acta Ecologica Sinica, 35: 1104-1113.

Quang Q, Zhang Z, He N P, et al. 2015. Short-term effects of nitrogen addition on soil respiration of three temperate forests in Dongling Mountain. Chinese Journal of Ecology, 34: 797-804.

Raiesi F. 2004. Soil properties and N application effects on microbial activities in two winter wheat cropping systems. Biology and Fertility of Soils, 40: 88-92.

Reich P B, Hobbie S E, Lee T, et al. 2006. Nitrogen limitation constrains sustainability of ecosystem response to CO_2. Nature, 440: 922-925.

Reid J P, Adair E C, Hobbie S E, et al. 2012. Biodiversity, nitrogen deposition, CO_2 affect grassland soil carbon cycling but not storage. Ecosystems, 15: 580-590.

Ren H, Xu Z, Huang J, et al. 2011. Nitrogen and water addition reduce leaf longevity of steppe species. Annals of Botany, 107: 145-155.

Rifai S W, Markewitz D, Borders B. 2010. Twenty years of intensive fertilization and competing vegetation suppression in loblolly pine plantations: impacts on soil C, N, microbial biomass. Soil Biology and Biochemistry, 42: 713-723.

Ronnenberg K, Wesche K. 2011. Effects of fertilization and irrigation on productivity, plant nutrient contents and soil nutrients in southern Mongolia. Plant and Soil, 340: 239-251.

Ros M, Klammer S, Knapp B, et al. 2006. Long-term effects of compost amendment of soil on functional and structural diversity and microbial activity. Soil Use and Management, 22: 209-218.

Samuelson L J, Johnsen K, Stokes T, et al. 2004. Intensive management modifies soil CO_2 efflux in 6-year-old *Pinus taeda* L. stands. Forest Ecology and Management, 200: 335-345.

Sardans J, Peñuelas J, Rodà F. 2006. The effects of nutrient availability and removal of competing vegetation on resprouter capacity and nutrient accumulation in the shrub *Erica multiflora*. Acta Oecologica, 29: 221-232.

Schaeffer S, Billings S, Evans R. 2003. Responses of soil nitrogen dynamics in a Mojave Desert ecosystem to manipulations in soil carbon and nitrogen availability. Oecologia, 134: 547-553.

Schäppi B, Körner C. 1996. Growth responses of an alpine grassland to elevated CO_2. Oecologia, 105(1): 43-52.

Schmidt S, Lipson D, Ley R, et al. 2004. Impacts of chronic nitrogen additions vary seasonally and by microbial functional group in tundra soils. Biogeochemistry, 69: 1-17.

Schnürer J, Clarholm M, Rosswall T. 1985. Microbial biomass and activity in an agricultural soil with different organic matter contents. Soil Biology and Biochemistry, 17: 611-618.

Selmants P C, Hart S C, Boyle S I, et al. 2008. Restoration of a ponderosa pine forest increases soil CO_2 efflux more than either water or nitrogen additions. Journal of Applied Ecology, 45: 913-920.

Shaver G R, Bret-Harte M S, Jones M H, et al. 2001. Species composition interacts with fertilizer to control long‐term change in tundra productivity. Ecology, 82: 3163-3181.

Shaver G R, Johnson L C, Cades D H, et al. 1998. Biomass and CO_2 flux in wet sedge tundras: responses to nutrients, temperature, light. Ecological Monographs, 68: 75-97.

Shen Z X, Zhou X M, Cheb Z Z, et al. 2002. Response of plant groups to simulated rainfall and nitrogen supply in alpine *Kobresia humilis* meadow. Chinese Journal of Plant Ecology, 26: 288-294.

Siegenthaler A, Buttler A, Grosvernier P, et al. 2013. Factors modulating cottongrass seedling growth stimulation to enhanced nitrogen and carbon dioxide: compensatory tradeoffs in leaf dynamics and allocation to meet potassium-limited growth. Oecologia, 171: 557-570.

Sifola M, Postiglione L. 2003. The effect of nitrogen fertilization on nitrogen use efficiency of irrigated and non-irrigated tobacco (*Nicotiana tabacum* L.). Plant and Soil, 252: 313-323.

Sinsabaugh R, Zak D, Gallo M. 2004. Nitrogen deposition and dissolved organic carbon production in northern temperate forests. Soil Biology and Biochemistry, 36: 1509-1515.

Smaill S J, Clinton P, Greenfield L. 2008. Nitrogen fertiliser effects on litter fall, FH layer and mineral soil characteristics in New Zealand *Pinus radiata* plantations. Forest Ecology and Management, 256: 564-569.

Søe A R, Giesemann A, Erson T H, et al. 2004. Soil respiration under elevated CO_2 and its partitioning into recently assimilated and older carbon sources. Plant and Soil, 262: 85-94.

Song C, Liu D, Song Y, et al. 2013a. Effect of nitrogen addition on soil organic carbon in freshwater marsh of Northeast China. Environmental Earth Sciences, 70: 1653-1659.

Song C, Liu D, Yang G, et al. 2011. Effect of nitrogen addition on decomposition of *Calamagrostis angustifolia* litters from freshwater marshes of Northeast China. Ecological Engineering, 37: 1578-1582.

Song C, Wang L, Tian H, et al. 2013b. Effect of continued nitrogen enrichment on greenhouse gas emissions from a wetland ecosystem in the Sanjiang Plain, Northeast China: a 5-year nitrogen addition experiment. Journal of Geophysical Research: Biogeosciences, 118: 741-751.

Song J, Wan S, Piao S, et al. 2019. Elevated CO_2 does not stimulate carbon sink in a semi-arid grassland. Ecology Letters, 22: 458-468.

Song Y, Song C, Li Y, et al. 2013c. Short-term effect of nitrogen addition on litter and soil properties in *Calamagrostis angustifolia* freshwater marshes of northeast China. Wetlands, 33: 505-513.

Song Y, Song C, Li Y, et al. 2013d. Short-term effects of nitrogen addition and vegetation removal on soil chemical and biological properties in a freshwater marsh in Sanjiang Plain, Northeast China. Catena, 104: 265-271.

Sorensen P L, Michelsen A, Jonasson S. 2008. Nitrogen uptake during one year in subarctic plant functional groups and in microbes after long-term warming and fertilization. Ecosystems, 11: 1223-1233.

Soudzilovskaia N A, Onipchenko V G, Cornelissen J H C, et al. 2005. Biomass production, N ∶ P ratio and nutrient limitation in a Caucasian alpine tundra plant community. Journal of Vegetation Science, 16: 399-406.

Spinnler D, Egli P, Körner C. 2002. Four-year growth dynamics of beech-spruce model ecosystems under CO_2 enrichment on two different forest soils. Trees, 16: 423-436.

St Clair S B, Sudderth E A, Castanha C, et al. 2009. Plant responsiveness to variation in precipitation and nitrogen is consistent across the compositional diversity of a California annual grassland. Journal of Vegetation Science, 20: 860-870.

Stape J L, Binkley D, Ryan M G. 2008. Production and carbon allocation in a clonal *Eucalyptus* plantation with water and nutrient manipulations. Forest Ecology and Management, 255: 920-930.

Strömgren M. 2001. Soil-surface CO_2 flux and growth in a boreal Norway spruce stand: Effects of soil warming and nutrition. Ph.D Thesis. Uppsala: Swedish University of Agricultural Sciences.

Su J Q, Li X R, Li X J, et al. 2013. Effects of additional N on herbaceous species of desertified steppe in arid regions of China: a four-year field study. Ecological Research, 28: 21-28.

Swanston C, Homann P S, Caldwell B A, et al. 2004. Long-term effects of elevated nitrogen on forest soil organic matter stability. Biogeochemistry, 70: 229-252.

Tanner E V J, Kapos V, Franco W. 1992. Nitrogen and phosphorus fertilization effects on Venezuelan montane forest trunk growth and litterfall. Ecology, 73: 78-86.

Thirukkumaran C M, Parkinson D. 2002. Microbial activity, nutrient dynamics and litter decomposition in a Canadian Rocky Mountain pine forest as affected by N and P fertilizers. Forest Ecology and Management, 159: 187-201.

Thormann M N, Bayley S E. 1997. Response of aboveground net primary plant production to nitrogen and phosphorus fertilization in peatlands in southern boreal Alberta, Canada. Wetlands, 17: 502-512.

Torn M S, Vitousek P M, Trumbore S E. 2005. The influence of nutrient availability on soil organic matter turnover estimated by incubations and radiocarbon modeling. Ecosystems, 8: 352-372.

Treseder K K, Vitousek P M. 2001. Effects of soil nutrient availability on investment in acquisition of N and P in Hawaiian rain forests. Ecology, 82: 946-954.

Tripathi S, Kushwaha C, Singh K. 2008. Tropical forest and savanna ecosystems show differential impact of

N and P additions on soil organic matter and aggregate structure. Global Change Biology, 14: 2572-2581.

Tu L H, Hu T X, Zhang J, et al. 2013. Nitrogen addition stimulates different components of soil respiration in a subtropical bamboo ecosystem. Soil Biology and Biochemistry, 58: 255-264.

Tu L, Hu T, Zhang J, et al. 2010. Effects of simulated nitrogen deposition on soil active carbon pool and root biomass in *Neosinoca lamusaffinis* plantation, rainy area of West China. Acta Ecologica Sinica, 30: 2286-2294.

Tu L, Hu T, Zhang J, et al. 2011a. Response of soil organic carbon and nutrients to simulated nitrogen deposition in *Pleioblastus amarus* plantation, Rainy Area of West China. Journal of Plant Ecology, 35: 125-136.

Tu L H, Hu T X, Zhang J, et al. 2011b. Short-term simulated nitrogen deposition increases carbon sequestration in a *Pleioblastus amarus* plantation. Plant and Soil, 340: 383-396.

Tu Y, You Y M, Sun J X. 2012. Effects of forest floor litter and nitrogen addition on soil microbial biomass C and N and microbial activity in a mixed *Pinus tabulaeformis* and *Quercus liaotungensis* forest stand in Shanxi Province of China. Chinese Journal of Applied Ecology, 23: 2325-2331.

Turner C L, Blair J M, Schartz R J, et al. 1997. Soil N and plant responses to fire, topography, supplemental N in tallgrass prairie. Ecology, 78: 1832-1843.

Turner C, Knapp A. 1996. Responses of a C_4 grass and three C_3 forbs to variation in nitrogen and light in tallgrass prairie. Ecology, 77(6): 1738-1749.

van der Hoek D, van Mierlo Anita J E M, Van Groenendael J M. 2004. Nutrient limitation and nutrient‐driven shifts in plant species composition in a species‐rich fen meadow. Journal of Vegetation Science, 15: 389-396.

Van Duren I C, Boeye D, Grootjans A P. 1997. Nutrient limitations in an extant and drained poor fen: implications for restoration. Plant Ecology, 133: 91-100.

Van Wijnen H J, Bakker J P. 1999. Nitrogen and phosphorus limitation in a coastal barrier salt marsh: the implications for vegetation succession. Journal of Ecology, 87: 265-272.

Venterink H O, Van Der Vliet R E, Wassen M J. 2001. Nutrient limitation along a productivity gradient in wet meadows. Plant and Soil, 234: 171-179.

Verburg P S, Arnone J A, Obrist D et al. 2004. Net ecosystem carbon exchange in two experimental grassland ecosystems. Global Change Biology, 10: 498-508.

Verhoeven J T, Schmitz M B. 1991. Control of plant growth by nitrogen and phosphorus in mesotrophic fens. Biogeochemistry, 12: 135-148.

Vivanco L, Irvine I C, Martiny J B. 2015. Nonlinear responses in salt marsh functioning to increased nitrogen addition. Ecology, 96: 936-947.

Volk M, Obrist D, Novak K, et al. 2011. Subalpine grassland carbon dioxide fluxes indicate substantial carbon losses under increased nitrogen deposition, but not at elevated ozone concentration. Global Change Biology, 17: 366-376.

Vose J M, Elliott K J, Johnson D W, et al. 1995. Effects of elevated CO_2 and N fertilization on soil respiration from ponderosa pine (*Pinus ponderosa*) in open-top chambers. Canadian Journal of Forest Research, 25: 1243-1251.

Waldrop M P, Zak D R, Sinsabaugh R L, et al. 2004b. Nitrogen deposition modifies soil carbon storage through changes in microbial enzymatic activity. Ecological Applications, 14: 1172-1177.

Waldrop M P, Zak D R, Sinsabaugh R L. 2004a. Microbial community response to nitrogen deposition in northern forest ecosystems. Soil Biology and Biochemistry, 36: 1443-1451.

Walker R F, Geisinger D R, Johnson D W, et al. 1997. Elevated atmospheric CO_2 and soil N fertility effects on growth, mycorrhizal colonization, xylem water potential of juvenile ponderosa pine in a field soil. Plant and Soil, 195: 25-36.

Wallenstein M D, Mcnulty S, Fernandez I J, et al. 2006. Nitrogen fertilization decreases forest soil fungal and bacterial biomass in three long-term experiments. Forest Ecology and Management, 222: 459-468.

Wang C, Long R, Wang Q, et al. 2010. Fertilization and litter effects on the functional group biomass, species diversity of plants, microbial biomass, enzyme activity of two alpine meadow communities. Plant and Soil,

331: 377-389.

Wang G, Fahey T J, Xue S. 2013. Root morphology and architecture respond to N addition in *Pinus tabuliformis*, west China. Oecologia, 171: 583-590.

Wang H, Mo J M, Lu X K, et al. 2008a. Effects of elevated nitrogen deposition on soil microbial biomass carbon in the main subtropical forests of southern China. Acta Ecologica Sinica, 28: 470-478.

Wang J, Zhu T, Ni H, et al. 2013. Effects of elevated CO_2 and nitrogen deposition on ecosystem carbon fluxes on the sanjiang plain wetland in Northeast China. PLoS One, 8: e66563.

Wang L, D'Odorico P, O'Halloran L R, et al. 2010. Combined effects of soil moisture and nitrogen availability variations on grass productivity in African savannas. Plant and Soil, 328: 95-108.

Wang Q, Wang S, Liu Y. 2008b. Responses to N and P fertilization in a young *Eucalyptus dunnii* plantation: microbial properties, enzyme activities and dissolved organic matter. Applied Soil Ecology, 40: 484-490.

Wang X, Curtis P S, Pregitzer K S, et al. 2000. Genotypic variation in physiological and growth responses of *Populus tremuloides* to elevated atmospheric CO_2 concentration. Tree Physiology, 20: 1019-1028.

Wang Z, Hao X, Shan D, et al. 2011. Influence of increasing temperature and nitrogen input on greenhouse gas emissions from a desert steppe soil in Inner Mongolia. Soil Science and Plant Nutrition, 57: 508-518.

Wang Z, Zhao M L, Han G D, et al. 2012. Response of soil respiration to simulated warming and N addition in the desert steppe. Journal of Arid Land Resources and Environment, 26: 98-103.

West J B, Hillerislambers J, Lee T D, et al. 2005. Legume species identity and soil nitrogen supply determine symbiotic nitrogen - fixation responses to elevated atmospheric [CO_2]. New Phytologist, 167: 523-530.

West J B, Hobbie S E, Reich P B. 2006. Effects of plant species diversity, atmospheric [CO_2], N addition on gross rates of inorganic N release from soil organic matter. Global Change Biology, 12: 1400-1408.

Wiemken V, Ineichen K, Boller T. 2001. Development of ectomycorrhizas in model beech-spruce ecosystems on siliceous and calcareous soil: a 4-year experiment with atmospheric CO_2 enrichment and nitrogen *fertilization*. Plant and Soil, 234: 99-108.

Williams B L, Silcock D J. 1997. Nutrient and microbial changes in the peat profile beneath *Sphagnum magellanicum* in response to additions of ammonium nitrate. Journal of Applied Ecology, 34: 961-970.

Wright R F, Rasmussen L. 1998. Introduction to the NITREX and EXMAN projects. Forest Ecology and Management, 101: 1-7.

Wu Q, Ding J, Yan H, et al. 2011. Effects of simulated precipitation and nitrogen addition on seedling growth and biomass in five tree species in Gutian Mountain, Zhejiang Province, China. Chinese Journal of Plant Ecology, 35: 256-267.

Xia J, Niu S, Wan S. 2009. Response of ecosystem carbon exchange to warming and nitrogen addition during two hydrologically contrasting growing seasons in a temperate steppe. Global Change Biology, 15: 1544-1556.

Xu W, Wan S. 2008. Water-and plant-mediated responses of soil respiration to topography, fire, nitrogen fertilization in a semiarid grassland in northern China. Soil Biology and Biochemistry, 40: 679-687.

Xu X, Ouyang H, Cao G, et al. 2004. Nitrogen deposition and carbon sequestration in alpine meadows. Biogeochemistry, 71: 353-369.

Yan L, Chen S, Huang J, et al. 2010. Differential responses of auto-and heterotrophic soil respiration to water and nitrogen addition in a semiarid temperate steppe. Global Change Biology, 16: 2345-2357.

Yan L, Chen S, Huang J, et al. 2011. Increasing water and nitrogen availability enhanced net ecosystem CO_2 assimilation of a temperate semiarid steppe. Plant and Soil, 349: 227-240.

Yang X X, Ren F, Zhou H K. 2014. Responses of plant community biomass to nitrogen and phosphorus additions in an alpine meadow on the Qinghai-Xizang Plateau. Journal of Plant Ecology, 38: 159-166.

Yano Y, Mcdowell W, Aber J. 2000. Biodegradable dissolved organic carbon in forest soil solution and effects of chronic nitrogen deposition. Soil Biology and Biochemistry, 32: 1743-1751.

Yu P Y, Zhu F, Su S F, et al. 2013. Effects of nitrogen addition on red soil microbes in the *Cinnamomum camphora* plantation. Environment Science, 34: 3231-3237.

Zak D R, Holmes W E, Burton A J, et al. 2008. Simulated atmospheric NO_3-deposition increases soil organic matter by slowing decomposition. Ecological Applications, 18: 2016-2027.

Zak D R, Pregitzer K S, Curtis P S, et al. 2000. Atmospheric CO_2, soil-N availability, allocation of biomass and nitrogen by *Populus tremuloides*. Ecological Applications, 10: 34-46.

Zak D R, Pregitzer K S, Holmes W E, et al. 2004. Anthropogenic N deposition and the fate of $^{15}NO_3^-$ in a northern hardwood ecosystem. Biogeochemistry, 69: 143-157.

Zhang J Z, Ni H W, Wang J B, et al. 2013a. Effects of simulated nitrogen deposition and elevated CO_2 concentration on soil organic carbon and nitrogen of *Deyeuxia angustifolia* community on the Sanjiang Plain. Earth and Environment, 41: 216-225.

Zhang L, Song C, Nkrumah P N. 2013b. Responses of ecosystem carbon dioxide exchange to nitrogen addition in a freshwater marshland in Sanjiang Plain, Northeast China. Environmental Pollution, 180: 55-62.

Zhang N, Wan S, Li L, et al. 2008. Impacts of urea N addition on soil microbial community in a semi-arid temperate steppe in northern China. Plant and Soil, 311: 19-28.

Zheng W, Yan W, Wang G, et al. 2013. Effect of nitrogen addition to soil respiration in *Cinnamomum camphora* forest in subtropical China. Acta Ecologica Sinica, 33: 3425-3433.

Zhou X, Zhang Y, Downing A. 2012. Non-linear response of microbial activity across a gradient of nitrogen addition to a soil from the Gurbantunggut Desert, northwestern China. Soil Biology and Biochemistry, 47: 67-77.

Zhu M, Zhang Z, Yu J, et al. 2013. Effect of nitrogen deposition on soil respiration in *Phragmites australis* wetland in the Yellow River Delta, China. Chinese Journal of Plant Ecology, 37: 517-529.

Zhu T, Cheng S, Fang H, et al. 2011. Early responses of soil CO_2 emission to simulating atmospheric nitrogen deposition in an alpine meadow on the Qinghai Tibetan Plateau. Acta Ecologica Sinica, 31: 2687-2696.

Zong N, She P L, Song M H, et al. 2012. Chipping alters the response of biomass allocation pattern under nitrogen addition in an alpine meadow on the Tibetan plateau. Journal of Natural Resources, 27: 1696-1707.

Zong N, Shi P L, Jiang J, et al. 2013. Interactive effects of short-term nitrogen enrichment and simulated grazing on ecosystem respiration in an alpine meadow on the Tibetan Plateau. Acta Ecologica Sinica, 33: 6191-6201.